EL BURGO RANERO
(León)
Camino de Santiago

10-9-13

DATE ET CACHET DE LA HALTE
FIRMAS Y SELLOS
Camino de Santiago

ALBERGUE PEREGRINOS JA
TERRADILLOS (Pale

Ayto. de R 6/4/13 ...las Calzadas · Burgos

DATE ET CACHET DE LA HALTE
SANTO DOM FIRMAS Y SELLOS

PANADERIA
Las Cuevas
ATAPUERCA
(Burgos)
DEGUSTACION

H Albergue
Restaurante
A → SANTIAG
BELORADO
Tel. 947 56 21 64 - Fax.947 56 21 6
Móvil 677 81 18 47

CATEDRAL

2-04-2013

3/4/13

AMIGOS DEL PEREGRINO
MANSILLA
11-4-2013

La Mutila
Albergue de
Casas de Atapuerca
4-4-13

Bar Marcela
San Juan de
Ortega

Alojamiento Rural
"La Henera"
Telf. 606 198 734
www.sanjuandeortega.es

4/4/13

SANTA IGLESIA CATEDRAL
BURGOS
5-04-2013

Amigos del
Camino de Santiago
Burgos

5 ABR 2013

ALBERGUE
EL PUNTIDO
HONTANAS
947 378 597
Telf. 636 781 387

6-6-13

BURGOS

5.04.13

LEÓN

12.04.2013

ALBERGUE
ESPIRITU SANTO
979 880 0
CARRIÓN DE LOS CONDES
(Palencia)

08-04-13

"EN EL CAMINO"
ALBERGUE
BOADILLA DEL CAMINO

17-4-2013

CAMINO DE SANTIAGO
CACABELOS-(LEON)

Agapito Trigal López
13/4/2012

PARROQUIA DE SANTIAGO DE TRIACASTELA (LUGO)

CAMINO FRANCES A SANTIA
CAFE - B
GONZ.

AL
VENTA
B
Tel:
Ventas
Port

Café - Bar - Restaurante
EL PEREGRINO
ALBERGUE
HABITACIONES - LITERAS
ESTABLO DE CABALLOS
Camino de Santiago   Ctra N-VI, Km. 419
T. 987 54 91 97 · LA PORTELA DE VALCARCE (León)
18-4-2013

18-4-2013

ALBERGUE DE PEREGRINOS
O Pombal
Barbadelo
2 0 ABR. 2013

ALBERGUE
DO CEBREIRO

O Tear
Turismo Rural

8 ABR 2013.

PARROQUIA DE
PALAS DE-RE

20-4-2013

22 ABR. 2013

PARROQUIA DE STO.
DIOCESIS
PALAS D

Albergue
"A horta
de Abel"
Camiño de Santiago
TRIACASTELA

19/04/13

ALBERGUE
GONZAR

La Casa
de los
Dioses
14-4-2013

2 1 ABR 2013

Amigos
del
Camino
de
Santiago
Astorga

14-4-2013

Por los Caminos de Santiago
FENIX
HOSPITAL   REFUGIO
ASOC. INTER. DE PEREGRINOS
Tel: 987/54 26 55
VILLAFRANCA DEL BIERZO

17-4-2013

CAMINO DE SANTIAGO
MESON COWBOY
EL CARMEN
ALBE

Monte Irago
15/4/2013

아빠 손잡고 떠난
산티아고 여행길

아빠, 오늘은 어디서 자요?

아빠 손잡고 떠난 산티아고 여행길

아빠, 오늘은 어디서 자요?

서성민, 서정균 글/사진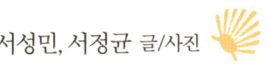

차 례

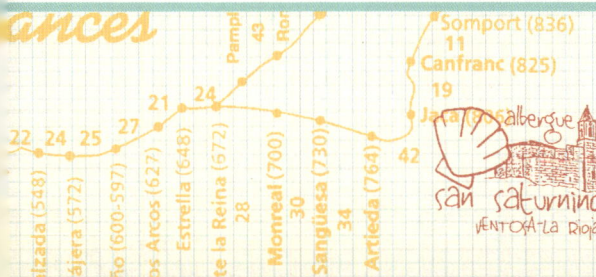

01

800킬로미터를 걸어야 한다고요?

프랑스 파리의 날씨는 화창했다. 비행기로 겨우 한 시간 떨어져 있는 런던 날씨와는 완전히 달랐다. 런던에 있었던 사흘 동안에는 날씨도 흐렸고 수시로 빗방울이 떨어졌지만, 파리의 날씨는 그런 날이 있었냐는 듯이 맑고 따뜻했다.

내가 그렇게 보고 싶어 하던 에펠탑도
봤고, 그렇게 먹고 싶어 하던 마카롱도
먹었으니 파리에서 할 건 다 한 것 같았다.
이제 이번 여행의 주목적지인 스페인의 산티아고 데 콤포스텔라로 갈 때가 왔다. 파리에서 고속 철도인 테제베를 타고 남쪽

7

으로 다섯 시간을 달리면 바욘이라는 곳에 도착한다고 했다. 이 곳에서 기차를 갈아타고 1시간 20분쯤 더 가면 산티아고를 향한 출발점인 생장 피에드포르에 도착하게 된단다. 프랑스의 생장에서 스페인의 산티아고까지는 약 800킬로미터라고 하는데, 그 머나먼 길을 다른 교통수단 없이 오직 두 다리로만 걸어가야 한다. 이미 각오는 했지만 막상 시작한다고 생각하니 벌써부터 눈앞이 캄캄해졌다. 아~ 이제 고생길 시작인 걸까?

처음에 아빠가 나한테 여행 가자고 하셨을 때의 일이 떠올랐다.

"성민아, 아빠랑 여행 갈래?"

"어디로요?"

"스페인."

"스페인에요? 왜요?"

"예수님의 제자 중에 야고보라는 분이 있잖아? 이분이 복음을 전하기 위해 걸었던 길이 스페인에 있는데, 아빠는 성민이랑 같이 이 길을 걸으면 좋을 것 같아."

"베드로, 안드레, 야고보 할 때 나오는 야고보죠? 그럼 얼마나 걸어야 되는데요?"

　"800킬로미터. 서울에서 부산까지 갔다가 다시 돌아오는 거리야. 제법 멀지?"

　세상에, 8킬로미터도 아니고 800킬로미터라니! 나는 깜짝 놀랐다. 서울에서 부산까지 네 시간 넘게 차 타고 가는 것만 해도 지겹고 힘든데, 그 길을 걸어서 갔다가 또 걸어서 오는 거리라니 멀어도 너무 멀게만 느껴졌다.

　"우아, 그렇게 멀어요? 그럼 며칠이나 걸어야 되는데요?"

　"한 35일?"

　"그렇게 오래요? 에이, 못할 것 같은데."

　"그래, 쉽지는 않을 거야. 800킬로미터면 엄청 먼 거리니까. 그래도 아빠는 성민이랑 둘이 같이 가고 싶다."

　아빠 말씀을 듣고 나는 속으로 고개를 갸웃거렸다.

　'비행기를 타고 여행을 간다고 하니 가고는 싶은데 왜 하필이면 걷는 여행이지? 그냥 차 타고 다니면 안 되나?'

　나는 이렇게 생각했지만 아빠는 그때부터 스페인 산티아고 가는 길과 스페인에 관련된 책을 가져와 틈틈이 읽으셨다. 나도 오다가다 책이 보이면 살짝 들춰 보긴 했는데, 가고 싶다는 마음이 들어도 많이 걸어야 한다니 가겠다는 말이 쉽게 나오지가 않았다. 그런데 며칠 지나니 이번에는 프랑스 책이 보였다.

"아빠, 웬 프랑스 책이에요?"

"산티아고 가는 길을 걸으려면 먼저 프랑스 파리로 가서 기차를 타고 또 가야 돼. 프랑스를 거쳐야 하니까 가져왔어."

"그럼 프랑스에도 가는 거예요? 에펠탑도 볼 수 있어요?"

"물론 볼 수 있지. 가게 되면 프랑스에서 사흘쯤 있을 거야. 영국도 갈 거고."

"아빠, 그럼 나 갈래요. 에펠탑 보고 싶어요."

"그럼 너 800킬로미터 걸어야 되는데?"

"아, 맞다! 그랬지."

나는 다시 고민에 빠졌다.

"아빠, 한 번 도전해 볼게요. 우리 같이 가요."

"그럼 아빠랑 한 가지 약속할 게 있어. 다치거나 아파서 못 걷는 건 어쩔 수 없지만, 걷다가 힘들 때 쉬었다 가자고는 해도 못 가겠다거나 걷기 싫다거나 집에 가고 싶다는 얘기는 꺼내지 않기. 약속할 수 있겠어?"

"네, 약속할게요."

그렇게 아빠와 나, 둘만의 여행을 계획하고 준비를 시작했다.

아빠는 우리 모두 걷기 훈련이 안 되어 있으니 출발하기 전에 미리 연습해야 한다며 아침마다 조금씩 걷자고 하셨다.

처음에는 가벼운 배낭을 메고 조금 걸었지만 점점 무게와 거리를 늘렸다. 매일 한두 시간씩 걷는데 아빠와 이런저런 이야기를 하며 걸으니 별로 힘든 줄도 몰랐고, 걷기에 대한 자신감도 붙어 갔다. 이렇게 준비를 마치고 아빠와 함께 영국 런던에 들렀다가 프랑스 파리에 도착한 것이다.

파리 몽파르나스 역에서 출발한 테제베 기차는 다섯 시간을 달려 바욘 역에 멈췄다. 거기에서 우리처럼 산티아고 순례길을 걸으러 한국에서 온 대학생 형, 누나를 만나 반갑게 인사했다. 소라 누나는 대학교 4학년생이고 상빈이 형은 대학교 2학년생이라고 했다. 이렇게 넷이서 함께 대화를 나누며 지루하지 않게 생장으로 가는 기차를 기다렸다. 그런데 출발 시간이 다 되어 가는데도 기차가 오지 않았다. 알아보니 지금 생장 가는 기차가 취소되어서 역 앞에 있는 버스를 타고 가야 한다고 했다. 그냥 가만히 있었다면 차를 놓칠 뻔했다.

밖으로 나가니 큰 버스 한 대가 있었고 사람들이 잔뜩 차에 타고 있었다. 소라 누나와 이런저런 이야기를 하며 가는데, 그 사이에 해가 져서 주변이 어둑어둑해졌다. 마침내 종점인 생장에 도착해서 순례자 사무실로 향했다. 여기서 등록을 하면 순례자 여권을 주는데, 이게 있어야 가는 길에 순례자들이 이용하는 전용 숙소인 알베르게에 들어갈 수 있다. 그리고 여권에 식당이나 알베르게에서 스탬프를 찍어 모으면 나중에 산티아고에 도착했을 때 제출하고 순례완주증명서를 받을 수 있다고 했다. 알고 보니 이 여권은 순례자들에게 정말 귀한 것이었다.

순례자 사무실 밖에서 한동안 기다리다가 우리 넷이 같이 들어갔다. 먼저 안내해 주시는 할아버지가 내주신 서류를 작성하고 여권을 받았다. 그런데 할아버지가 안내지를 내밀며 유의사항 같은 걸 설명해 주시는데, 아무리 귀를 기울여도 내가 아는 단어는 하나도 없었다. 아차, 그 할아버지는 영어를 전혀 못하셔서 프랑스어로만 설명하고 계신 것이었다. 나는 어차피 못 알아들으니 상관없었는데 아빠, 누나, 형까지 아무도 설명을 못 알아듣는 게 문제였다. 그저 할아버지가 종이에 그리는 것과 손동작,

표정으로 눈치 채야 했다.

할아버지는 종이에 있는 어떤 길에는 X표시를 치며 손동작으로 눈이 내리는 것을 보여 주셨다. 그리고 가슴에 손을 올리는 걸 보니 이 길엔 눈이 가슴까지 쌓였으니 가지 말라는 뜻인 것 같았다. 반대로 다른 옆길에는 O를 그리는 걸 보니 아무래도 이 길로 가라는 뜻인 듯했다.

뒤에도 이런 저런 말을 덧붙이셨는데 조심해서 잘 가라는 말일 거라고 생각하기로 했다.

출발하기 전에 아빠는 힘들어도 피레네 산맥을 넘고 싶다고 하셨는데 못 가게 되어 조금 아쉬워하시는 눈치였다. 그렇지만 나는 더 쉬운 길로 가게 돼서 콧노래가 흘러 나왔다.

순례자 여권도 받고 순례자의 상징이라는 가리비 껍데기를 사서 배낭에 매달아 보니 벌써 진짜 순례자가 된 기분이었다. 배낭을 메고 밖으로 나오니 벌써 밤 9시가 넘은 시간이었다. 이제 오늘 잘 숙소인 알베르게를 찾아야 하는데, 사무실 입구에서 어떤 아저씨가 아직 숙소를 못 정했으면 자기 알베르게로 가자며 안내해 주었다.

"성민아, 지금 시간이 너무 늦어서 어디가 좋은지 알아보기도

힘들겠다. 그리고 하나도 모르는 프랑스어를 듣다가 영어를 들으니 그래도 좀 살 것 같아. 그냥 저 아저씨 따라 가자."

"어디든 좋아요."

아저씨가 안내해 준 알베르게는 이곳에서 가장 오래된 곳이라고 했다. 그래서 그런지 2층으로 올라가는 계단이 삐뚤빼뚤하고 바닥의 마루판들은 삐걱삐걱하는 게 오래되긴 오래된 것 같았다.

2층 방을 안내받고, 1층 식당에서 약 30명 정도 되는 사람들이 모여 함께 저녁을 먹었다. 처음에 수프와 빵이 나왔다. 프랑스 음식이 맛있다고 해서 기대했는데 수프는 영 맛이 없어서 조금 먹다 말았고, 메인 메뉴인 소고기찜 같은 요리는 그나마 먹을 만했다. 서양 식사답게 후식도 나와 맛있게 먹었다. 알베르게 남자 주인을 오스피탈레로라고 부르는데 우리가 밥을 먹고 있을 때 그 아저씨가 와서 주의사항을 알려 주었다.

"여러분이 내일부터 걷게 될 산티아고 가는 길은 누가 빨리 가는지 경주하는 곳이 아니니 절대로 무리하지 마세요. 자기한테 맞는 속도로 여유 있게 가셔야 합니다."

그리고 순례자 사무실에서 안내받은 대로 피레네 산맥을 넘어가는 길, 즉 나폴레옹이 스페인을 침략할 때 넘었다는 나폴레옹 길에는 눈이 많이 쌓여 있으니 절대로 그 길로 가면 안 된다고 하셨다. 며칠 전에 거기서 죽은 사람도 있고 조난당했다가 구조된 경우도 있다며 절대로 가지 말라고 몇 번이나 강조하셨다.

'헐, 죽은 사람도 있다고?'

나는 조금 긴장하며 침대로 돌아왔다. 하지만 이내 여행의 들뜬 기분으로 형, 누나와 이야기를 나누고 침대에 누웠다. 처음

보는 사람들끼리 한 방에 모여 잠을 자는 게 처음이라 너무 신기했다. 게다가 옆 침대에는 외국에서 온 아줌마들이 자리 잡고 있었다. 옷은 어떻게 갈아입어야 하지? 뭔가 말을 건네야 하면 어떻게 말하지? 영어로? 난 영어 잘 못하는데……. 괜히 설레면서도 재미있었다.

어쨌든 드디어 내일부터 산티아고 가는 길, 스페인어로는 '까미노 데 산티아고' 또는 '까미노'라고 줄여 말하는 길을 걷는다.

'기다려, 산티아고. 내가 꼭 걸어서 갈 테니.'

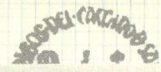

국경이 뭐이래?

(1일째)

한국을 떠난 지 6일째라 이제 시차 적응은 어느 정도 되었는데 낯선 환경 때문인지 아니면 설렘 때문인지 새벽에 잠을 두 번이나 깼다. 그러다가 다시 잠이 들었는데, 밖에서 사람들의 말소리와 마룻바닥 삐걱거리는 소리, 화장실 물소리에 잠이 깼다. 시계를 보니 6시가 좀 넘어 있었고 창밖에는 푸르스름한 빛깔이 감돌고 있었다.

"성민아, 잘 잤어?"

아빠도 이미 일어나 계셨다.

"네. 그런데 새벽에 두 번이나 깼어요."

아직 자고 있는 사람도 있고, 벌써 신발을 신고 출발하려는 사람도 있었다. 나도 아빠와 같이 준비하고 식당에 마련된 빵과 시리얼, 따뜻한 우유를 마시고 배낭을 챙겨 내려왔다.

나폴레옹이 넘었다는 나폴레옹 길은 눈이 잔뜩 쌓여서 다른 길로 돌아가야 한다. 이 길은 나폴레옹 길보다는 좀 더 쉬운 길이지만 그래도 거리가 꽤 된다. 아빠는 내가 첫날부터 무리하면 앞으로 걷는 데 지장이 있을 것 같다면서 아빠 배낭은 택시에 실어 오늘 밤에 머물 론세스바예스로 보내고 대신 내 배낭을 메셨다. 아빠 것보다 조금 가볍긴 하지만 그래도 4킬로그램이나 되는데……. 아빠 덕분에 나는 배낭 없이 가뿐하게 출발했다.

알베르게를 나오니 이미 해가 떠 있었다. 며칠 전까지 춥고 눈도 많이 왔다고 들었는데, 다행히 오늘은 날씨가 좋아 걷는 데 도움이 될 것 같았다. 출발하기 전에 알베르게 앞에서 아빠가 나를 안고 함께 기도를 드렸다.

"하나님, 저희가 산티아고까지 무사히 잘 걷고 많은 것을 보고 느끼게 해 주세요. 함께 행복한 시간을 보내게 해 주세요."

'내가 잘 걸을 수 있을까? 너무 힘들면 어쩌지? 아냐, 잘 걸을 수 있어. 아자, 아자 파이팅!'

마음속으로 다짐하며 소라 누나, 상빈이 형이랑 넷이서 같이 길을 떠났다. 산티아고까지는 800킬로미터 정도인데 군데군데 그려져 있는 노란 화살표를 따라가면 된다고 했다. 길을 걷다 가 갈림길이 나오면 화살표가 가리키는 쪽으로 가면 되고, 걸으 면서 노란 화살표가 발견하면 그만큼 잘 걷고 있다는 뜻이었다. 지도가 잘 되어 있고 스마트폰을 이용한 GPS도 발달되어 있지 만 적어도 이 길에서는 노란 화살표가 최우선이라고 했다.

오늘은 많이 포근해서 계속 걷다 보니 점점 더워졌다. 길가엔 봄이 왔음을 알리려는지 연분홍색, 빨간색 등의 예쁜 꽃들이 활 짝 피었다. 초록 잔디에서 한가로이 풀을 뜯는 소와 양들도 평 화롭고 예뻐 보였다.

얼마 가지 않아 프랑스에서 스페인으로 넘어 가는 국경이 나왔다. 유럽은 전체가 한 나라와 같다고 하더니 국경인데도 국경선도, 군인도, 경찰도, 심지어 검문하는 사람도 없었다. 스페 인 국기가 걸린 건물과 그 앞에 주차되어 있는 스페인 경찰차가 '여기부터 스페인입니다.' 하고 알 려 주는 게 전부였다.

'여기가 국경이 맞나? 국경이 뭐 이래?'

우리나라 남북한 사이를 가로막는 철조망도 없고, 옆 동네 가듯이 그냥 지나가면 되니 뭔가 좀 빠진 느낌이 들었다.

스페인으로 넘어와서 차가 거의 없는 찻길 옆을 지나가기도 하고 언덕을 오르기도 하면서 다른 사람들과 앞서거니 뒤서거니 하며 걷다 보니 배꼽시계가 울렸다. 배꼽시계는 시차도 없나 보다. 식사도 하고 잠시 쉬어 갈 겸 바(Bar)에 들렀다. 바는 음료, 과일, 과자 등을 살 수 있고, 간단한 식사를 할 수 있는 곳이다. 거기서 딱딱한 바게트 빵 안에 돼지 다리를 말려 얇게 저민 하몽과 치즈를 넣은 스페인 샌드위치인 보까디요, 초콜릿이 들어있는 빵, 오렌지를 샀다.

보까디요는 빵이 너무 딱딱해서 입천장이 까질 것 같았고, 스페인 사람들이 즐겨 먹는다는 하몽은 맛이 없었다. 초콜릿이 들어있는 빵과 오렌지는 그래도 새콤달콤해서 맛있었다. 스페인은 햇살이 따가워 과일이 맛있다는데 정말 그런 것 같았다.

다시 오르막 내리막을 반복해서 걷는데 방금 전까지만 해도 화창하던 날씨가 점점 흐려지고 있었다. 처음엔 맑은 날씨가 좋았지만 걸을수록 더워져서 오히려 구름이 해를 가려 주니 좋았다. 어느덧 본격적인 산길이 시작되었다. 계속 걸었더니 소라 누나는 물론이고 상빈이 형까지 힘들어했다. 보다 못한 아빠가 소라 누나에게 말하셨다.

"너무 힘들어 보이는데, 잠깐이라도 배낭을 바꿔 메고 걸어요."

그런데 누나는 미소를 지으면서 고개를 저었다.

"아니에요. 제가 챙겨온 짐이니까 제가 끝까지 메고 가고 싶어요. 배려해 주셔서 감사해요."

왠지 그 말이 기억에 남았다. 나는 배낭이 없어도 힘든데, 무거운 배낭을 메고 걷는 사람들은 정말 힘들 것이다. 그런데도 소라 누나는 자기가 가져온 것이니 자기가 책임지겠다고 했다. 만약 나라면 어땠을까 하는 생각이 계속 들었다.

오늘 걸어야 하는 거리는 27킬로미터였다. 평지에서 어른 걸음으로 한 시간에 4~5킬로미터 정도를 걷는다고 하니 여기 산길에서는 쉬지 않더라도 일곱 시간은 걸어야 하는 거리였다. 아직 갈 길은 많이 남았고 서서히 힘겹고 지겨워지는데, 뒤에서

외국인 아줌마가 우리 옆을 지나며 스페인어로 인사했다.

　"올라!"

　스페인어로 '안녕?'이라는 인사말이다. 나도 '올라!' 하고 외쳐 줬다. 아일랜드에서 온 캐서린이라고 했다. 우리는 한국에서 왔다고 하니 캐서린이 반색을 했다. 자기 동생이 1988년에 열린 서울 올림픽에 아일랜드 허들 국가대표로 참가했다는 것이다. 1988년이면 아빠가 16살 때다. 당연히 아빠는 서울올림픽을 잘 알고 있었다. 가족이 모두 운동을 열심히 하는지 캐서린은 아빠보다 나이가 많아 보였지만 몸도 탄탄했고 성큼성큼 잘 걸었다.

　나는 아빠의 도움을 받아 캐서린과 이야기를 나눴지만 아빠가 조금 앞서서 가자 대화가 잘 안 됐다. 그래서 그냥 1부터 영어로 세면서 걸었다. 캐서린도 잘 받아 주었다. 130이 넘어가자 산길이 끝나고 차도가 나왔다. 거기에서 한국에서 태어나 오래전에 미국으로 이민 갔다는 아저씨와 아줌마를 만났다. 아저씨는 날 보고 깜짝 놀라더니 질문을 하셨다.

　"이름이 뭐니?"

　"성민이에요."

　"성민이는 힘들지 않니? 아저씨는 지금 너무 힘든데, 성민이

23

정말 대단하다."

"괜찮아요. 재미있어요."

"미국은 너무 넓어서 다들 차를 타고 다니거든. 별로 안 걸어
다녔더니 너무 힘들어. 성민이는 참 기특하다."

칭찬해 주시는 말을 들으니 기운이 더 나는 것 같다.

조금 더 가다가 차도가 이어지는 곳과 반대쪽을 가리키는 노
란 화살표를 발견했다. 아저씨와 아줌마는 차도로 가도 길이 나
올 거라면서 오른쪽으로 가셨고, 우리는 노란 화살표를 따라 왼

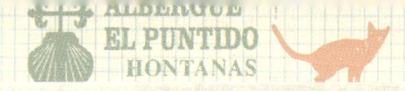

쪽으로 갔다. 길에는 아직 녹지 않은 눈들이 군데군데 쌓여 있었고 날은 점점 흐려졌다. 걷다가 하늘을 쳐다보니 독수리인지 매인지 모를 큰 새가 하늘을 맴돌고 있었다.

"아빠, 저거 독수리 아니에요?"

"맞는 거 같은데. 앗, 저 뒤에 먹구름 좀 봐. 비가 오겠어."

조금 지나니 정말로 비가 내리기 시작했다. 아빠는 비옷 입을 정도는 아닌 것 같다며 배낭 커버만 씌우고 계속 걸었다. 부슬부슬 내리는 비를 맞으며 걸어가는데 지금까지 군데군데 쌓여 있던 눈이 이제는 제법 많이 쌓여 있어 발목까지 쑥쑥 빠졌다. 거의 무릎까지 빠질 만큼 깊은 곳도 있었다.

옆은 낭떠러지라 철조망이 있었는데 잘못해서 미끄러지면 한참을 굴러 내려갈 것만 같았다. 이런 길을 5분쯤 걸어 눈길을 빠져나오니 성당 같은 조그만 건물이 있어 거기서 잠시 비를 피했다. 가져 온 사과를 한 입 베어 물었을 때, 지나가던 아저씨가 우리를 향해 뭐라고 외쳤다.

아저씨가 손가락으로 가리키는 곳을 쳐다보니 일곱 색깔 무지개가 떠 있었다.

"이야, 무지개다~!"

　　자세히 보니 무지개가 두 개였다. 가까운 곳에 있는 무지개는 선명했고, 저 멀리 큼지막하게 걸려 있는 무지개는 조금 흐렸다. 이렇게 선명한 무지개를 가까이서 본 건 처음이었다. 지금껏 힘들게 걸어온 것도 잠시 잊고 기분이 좋아졌다. 외국 아저씨가 보물 찾으러 가자는 걸 보니 외국에도 무지개 끝에 보물이 있다고 믿는가 보다. 왠지 무지개가 아빠와의 여행을 축복해 주는 것 같았다.

서서히 비가 그쳤다. 차도를 따라 내려가니 오늘의 목적지인 론세스바예스가 나왔다.

"야, 드디어 다 왔다."

택시로 보낸 아빠 배낭을 찾아와서 알베르게로 들어갔다. 최근에 새로 수리를 했다고 하더니 정말로 깔끔했다. 큰 방에 침대는 모두 2층이었고 네 사람이 마주 보는 구조였다.

"아빠, 나 2층에서 자면 안 돼요?"

"안 돼. 넌 잘 때 이리저리 움직여서 떨어질 수 있어. 떨어지면 크게 다친다."

자세히 보니 2층 난간도 나지막한 것이 정말 떨어지면 다칠 것 같았다. 아쉬운 마음은 뒤로하고 식당으로 내려가 식사를 마쳤다. 방으로 올라와 보니 우리 옆자리에 어떤 아저씨가 와 있었다. 어디서 왔느냐고 묻기에 "Korea. 한국이요."라고 했더니, 아저씨가 대뜸 한국어로 인사했다.

"안녕?"

이 아저씨는 미국인인데 부산에서 몇 달 동안 영어 강사를 해서 한국어를 조금 한다고 했다. 내가 우리말로 궁금한 것을 질문했더니 한국어를 조금밖에 몰라 못 알아듣겠단다. 그렇지만

27

잘 때 나한테 다시 한국어로 인사를 해 주었다.

"잘 자."

자유롭게 말하지는 못해도 사는 데 꼭 필요한 한국어는 다 익힌 것 같았다.

그날은 정말 신비한 하루였다. 아침에 출발할 때는 봄이었고, 점심때는 여름이었고, 오후에는 가을과 겨울을 함께 느꼈으니 말이다. 산티아고 순례길 중에서 오늘 걷는 길이 가장 힘들 거라고 했는데, 막상 걸어 보니 걸을 만했고 내일도 잘 걸을 수 있겠다는 자신감이 생겼다. 배낭이 없어서 그랬을지는 모르지만.

내일은 또 누구를 만나게 되고 어떤 일이 펼쳐질까?

다음 날 아침이 빨리 왔으면 좋겠다고 생각하며 스르륵 잠에 빠져들었다.

용서의 언덕에서
누구를 용서할까?

(4일째)

성난 황소 10여 마리가 우리를 뛰쳐나와 골목길로 돌진한다. 이 성난 황소들 앞으로 빨간 스카프를 두르고 흰 옷을 입은 사람들 수백 명이 부리나케 도망가고 있다. 황소가 속도를 내자 점점 거리가 좁혀진다. 보기에도 아슬아슬하다. 사람들은 골목 벽으로 바짝 붙기도 하고 창문에 매달리면서 겨우 황소를 피한다. 만약 그렇게 못하면? 황소한테 밟히기도 하고 날카로운 쇠뿔에 찔려 피를 흘리며 쓰러지기도 한다. 사람과 황소가 뒤엉켜 골목길을 850미터나 달리고 나서야 황소들은 비로소 투우장으로 들어간다. 이것이 바로 매년 7월 6일에 이곳 빰플로나에서

열리는 산 페르민 축제다.

우리는 어제 빰플로냐에 도착했지만 축제 기간이 아니라서 그 장면을 볼 수는 없었다. 그 대신에 티셔츠에 그려진 그림을 보고 그 분위기를 느낄 수 있었다. 황소 뿔에 받혀 죽는 사람도 있다는데 도대체 왜 그런 행사를 계속하는지 이해할 수가 없었다. 다행히 지금 내가 서 있는 골목에 황소는 없고 배낭을 메고 다니는 사람과 가끔 지나다니는 사람만 보인다.

출발할 때 비가 계속 내리자 아빠가 배낭을 열어 비옷을 꺼냈

다. 다시 배낭을 싸면서 꾹꾹 누르다가 내 배낭에 달려있는 가리비 껍데기를 깨뜨려 버렸다.

"아빠, 이걸 깨뜨리면 어떡해요?"

"미안해, 아빠가 실수로 그랬어. 가다가 다시 사 줄게."

"이걸 어디서 사요?"

"가다가 파는 데가 있을 거야. 꼭 사 줄게."

나는 시무룩해진 채 길을 나섰다. 그동안 비가 와도 출발할 때면 언제 그랬냐는 듯이 비가 그쳤는데 오늘은 도통 비가 그칠 기미가 없었다. 배낭 무게를 줄이려고 우산도 안 가져 왔다. 비가 조금 오면 그냥 맞으면서 걷고, 많이 오면 비옷을 입고 걷는 것이다.

"근데 아빠, 이 길이 맞아요?"

"그런 것 같기는 한데 아빠도 좀 궁금해."

노란 화살표가 안 보이니 마음 한구석이 찜찜했다. 어떤 대학교 앞을 지나가다가 며칠 전에 본 멕시코의 알렉스와 마주쳤다.

"잘됐다! 멕시코에서도 스페인어를 쓴다고 하니까 알렉스는 길을 잃어도 금방 물어볼 수 있을 거야. 성민아, 그렇지 않니?"

그런데 맙소사! 알렉스도 길을 찾고 있다고 했다. 알렉스는

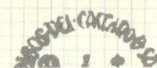

이리저리 왔다 갔다 하더니 지나가는 사람에게 길을 물어보고는 길을 확인한 후 앞서 갔다. 스페인어를 쓰니 여기서 말이 잘 통할 텐데 왜 일찍 안 물어보고 길을 헤매면서 찾아다녔는지 모르겠다.

비는 조금씩 잦아들어 그쳤지만 길이 질퍽해져서 걷기 힘들었다. 물에 젖은 길가 풀에 뭐가 붙어 있었다.

"우아, 달팽이다!"

그런데 달팽이가 무지 컸다. 게다가 한두 마리가 아니라서 몇 마리 잡아 손에 들고 다니다가 다시 놓아 주었다. 만약 이 달팽이들이 800킬로미터를 간다면 얼마나 걸릴까? 갈 수는 있을까? 느리지만 꾸준히 기어가는 달팽이들은 오늘 우리의 여정을 알고 있어서 응원해 줄 겸 나타난 게 아닐까? 사실 오늘의 일정은 바로 뻬르돈 고개, 일명 '용서의 언덕'을 넘어가는 것이었다.

언덕이라는 말처럼 오르막과 내리막이 번갈아 나왔다. 좀 지겹고 힘들어질 즈음에 아빠가 스무고개 놀이를 하자고 했다. 한 사람이 어떤 단어를 생각하고 있으면 상대방이 스무 번 질문하고 답을 말할 수 있는 기회를 활용해서 그 단어를 맞히는 놀이

다. 상대방은 네, 아니요 같은 간단한 답변만 할 수 있다.

　"동물입니까?"

　"아니요."

　"내가 가지고 있습니까?"

　"네."

　이렇게 한참 하다가 어느 순간부터 갑자기 정답에 가까워진다. 그러면 맞히는 사람이나 문제 내는 사람이나 괜히 마음이 조마조마해지고 목소리가 커진다.

　"정답, 배낭!"

　"아닙니다."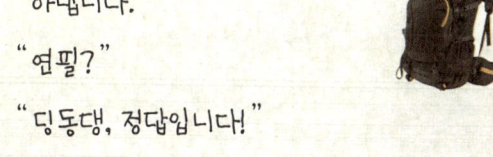

　"연필?"

　"딩동댕, 정답입니다!"

　이렇게 쉬운 단어에서부터 어려운 단어까지 서로 문제를 내고 풀었는데 은근히 재미있었다. 이렇게 아빠랑 게임을 하면서 걷다 보니 별로 힘들지 않게 언덕 정상 근처까지 왔다. 길은 더 질퍽해져서 신발은 진흙범벅이 되었고, 진흙이 잘 떨어지지 않아 발걸음이 더욱 무거워졌다. 언덕 정상에는 바람개비처럼 생긴 풍력 발전기들이 돌고 있었다.

34

바람도 별로 불지 않는데 무거운 쇠 날개가 뱅글뱅글 돌아가는 것이 이상하고 신기했다. 바람으로 전기를 만드는 것이 아니라 전기를 사용하여 날개를 돌리고 있는 것 같았다.

눈앞에 정상이 올려다 보이는 벤치에 앉아 밥을 먹었다. 어제 저녁에 먹고 남아서 가져온 밥에 비벼 먹는 가루를 뿌려 주먹밥을 만들고 그 위에 튜브 고추장을 짜 먹었다.

"아, 맛있다. 역시 밥이 최고야!"

어제 저녁에도 찌개랑 밥을 먹었지만 그래도 밥이 좋았다. 한국인은 역시 밥 힘으로 움직이나 보다. 다 먹고 나서 다시 언덕 정상까지 올라갔다. 그런데 길을 잘못 들어서 논인지 밭인지 발이 푹푹 빠지는 곳으로 가는 바람에 내가 신발을 신고 있는 게 아니라 흙덩어리를 신고 있는 것처럼 되었다. 다행히 곧 그곳을 빠져나와 제대로 된 길을 따라 정상에 오를 수 있었다.

언덕 꼭대기에 올라가니 우리처럼 길을 걷는 모습의 철제 동상 여러 개가 있었다.

'이런 게 여기 왜 있지? 우리나라에서는 옛날에 전쟁이 터질 때 강강술래를 해서 우리 쪽에 사람이 많은 것처럼 보이려고 위장을 했다던데 이것도 그런 용도로 만들어 둔 걸까? 스페인도

35

전쟁을 많이 치렀다고 하고.'

　그때 내 생각을 읽었는지 아빠는 내가 궁금해하던 것을 알려
주셨다.

　"성민아, 이게 뭔지 알아?"

　"아뇨."

　"이건 순례자들의 모습을 만들어 놓은 미술 작품이야."

　그렇구나. 왠지 순례자의 동상이 있는 용서의 언덕에 서 있으
니 나도 누군가를 용서해야 할 것만 같았다.

'그런데 난 딱히 용서할 사람이 없는데 누구를 용서하지?'

나는 잠깐 생각에 잠겼다. 아, 맞다. 용서할 사람이 있었다. 오늘 아침에 아빠가 내 가리비 껍데기 깨뜨려 마음이 축 가라앉고 짜증이 났는데 그걸 용서하면 될 일이었다.

"아빠, 오늘 내 가리비 껍데기 깨뜨린 거 용서할게요."

"그래? 고맙다. 성민아."

용서를 하고 나니 어쩐지 마음이 가뿐해졌다. 마음과 더불어 몸도 가벼워져서 내리막길을 후다닥 내려와 평지로 접어들었다. 아빠가 GPS를 이용해 우리가 지금 걷고 있는 속도가 어느 정도 되는지 쟀더니 시간당 4.2~4.4킬로미터 정도 나왔다. 나는 속도가 어떻게 달라지는지 궁금해서 스마트폰을 들고 빨리 걷기도 하고 천천히 걷기도 하면서 숫자가 변하는 걸 바라봤다.

'빨리 뛰면 몇 킬로미터까지 나올까?'

마침 평지라서 스마트폰을 들고 신 나게 달렸다.

"성민아, 넘어진다! 뛰면 안 돼!"

뒤에서 아빠의 목소리가 들려왔지만, 속도가 계속 올라가는 걸 보니 재미있어서 멈출 수가 없었다.

'8.2, 8.5. 계속 올라간다!'

그런데 그 순간!

"악!"

거짓말처럼 옆으로 쫙 미끄러지면서 넘어지고 말았다. 아, 아파라. 살갗이 땅에 쓸려 아팠지만 다행히 스마트폰은 땅에 닿지 않았고, 길도 진흙이라 다치지는 않았다.

"아빠가 뛰지 말라고 했지? 안 다쳤어?"

"괜찮아요. 근데 아빠! 8.5까지 나왔어요!"

"어이구, 그게 중요해? 안 넘어져야지. 넘어져서 다치면 우리 산티아고까지 못 간다."

"네, 알겠어요. 조심할게요."

다시 비가 내려 비옷을 입었다. 비를 맞으며 걷다 보니 오늘 우리의 목적지인 뿌엔떼 라 레이나 마을이 나왔다.

알베르게에 들어가 조금 있었더니 소라 누나, 상빈이 형, 선호 아저씨가 안으로 들어왔다. 한참 뒤에는 미국에 살고 계시다는 한국 아저씨랑 아줌마도 오셨다. 모두 같은 방을 쓰게 돼서 한국인만 일곱이었다. 신발을 대충 씻고 나서 물기를 제거하기 위해 신발 안에 신문지를 구겨 넣었다. 그러고는 다 함께 슈퍼마켓에 갔다.

"여기에도 삼겹살이 있네요?"

"좋아, 그럼 오늘은 삼겹살 구워서 파티하자!"

다들 기분 좋게 알베르게로 돌아 와 부엌에서 양파, 감자 등을 넣고 고기를 굽는데 부엌에 연기가 자욱 했다. 문을 열어 놔도 날씨가 흐려 서인지 연기가 잘 빠져 나가지 않았  다. 그게 신기한지 다른 외국인들이 호기심 어린 눈으로 쳐다보 기도 했다.

다 굽고 나서 함께 먹는데 너무너무 맛있었다. 이곳 스페인에 와서 삼겹살을 먹을 수 있을 줄이야! 오늘은 그야말로 최고의 만찬이다. 그동안 주린 배를 채우려는 듯 나는 먹고 또 먹었다.

"아, 자~알 먹었다."

식사를 끝내고 배를 퉁퉁 두드리며 앉아 있는데, 오스피탈레 로 아저씨가 옆에 오더니 우리나라 애국가를 가사 없이 허밍으 로 불렀다. 아니, 우리나라 애국가를 어떻게 알지?

"진짜 멋있어요!"

아저씨의 열창에 나는 엄지손가락을 추켜올렸다.

San Saturnino
VENTOSA-La Rioja

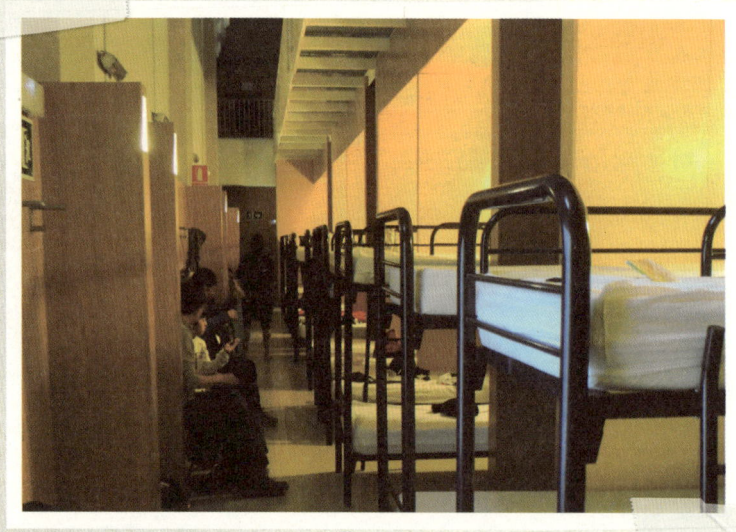

진흙길을 걷고, 넘어지고, 비에 쫄딱 젖었지만 샤워만 하면
몸이 따뜻하고 개운한 것이 무척이나 상쾌해진다. 오늘 하루도
잘 마무리한 것 같아 뿌듯했다. 난방이 잘 되지 않아 조금 쌀쌀
했지만 저녁도 잘 먹었고 침낭 속에 쏙 들어가니 따끈해서 잘
만했다. 한국인들만 한 방에 있으니 마치 우리나라에 있는 것
같아 왠지 모르게 더 편안했다.

누르면 와인이 콸콸콸

(6일째)

까미노에는 와인과 물을 공짜로 먹을 수 있는 유명한 수도원이 있다. 바로 오늘 지날 이라체 수도원에 오른쪽에선 물이 나오고 왼쪽에서는 와인이 나오는 수도꼭지가 있다고 했다. 물이야 가는 길에 얼마든지 마실 수 있지만 사서 마셔야 하는 와인까지 공짜라니 꼭 한 번 확인해 보고 싶었다. 30분 정도만 걸어가면 볼 수 있다고 하니 더더욱 설레었다.

쭉 가다가 노란 화살표가 나왔다. 화살표 방향대로 왼쪽으로 꺾어지려는데 마을에 사시는 듯한 할아버지가 그냥 계속 가라고 하셨다. 화살표와 다른 방향을 알려주시니 약간 이상했다.

"성민아, 화살표랑 방향은 다르지만 저게 지름길일 수도 있고 친절히 알려 주시는데 무시할 수는 없지 않겠니? 할아버지 말씀대로 가 보자."

그래서 우리는 화살표를 무시하고 쭉 걸어갔다. 그런데 어느 순간, 저 멀리 왼쪽에 이라체 수도원으로 짐작되는 건물이 보이는 게 아닌가?

"어? 저기가 이라체 수도원 같은데!"

아까 왼쪽으로 갔어야 했다. 친절해도 너무 친절하신 할아버지 덕분에 와인이 나오는 모습을 못 보게 될 위기에 처하고 말았다. 발걸음을 옮길수록 이라체 수도원으로 향하는 길은 보이지 않았고 오히려 점점 더 멀어져만 갔다. 조금 더 가니 그나마 다행이라고 해야 할지 이라체 수도원으로 돌아가는 길이 나왔다. 바로 가는 길이 아니라 돌아가는 길 말이다.

"성민아, 우리 그냥 갈까? 아니면 보고 갈까?"

"보고 가요."

나는 한 치의 망설임도 없이 재빨리 대답했다.

8시 방향으로 돌아 10분쯤 걸어가니 수도원이 나왔고 벌써 사람들이 삼삼오오 모여 있었다. 며칠 전에 만난 11살 난 스페

인 누나 에스테드도 있었다.

와인이 안 나올 때도 있다고 들었는데, 사람들이 모여 있는 걸 보니 지금은 와인이 나오는 모양이었다. 물병을 비우고 왼쪽 꼭지를 누르니 보랏빛의 와인이 나왔다. 한 병 가득 채우려는데 아빠가 말씀하셨다.

"성민아, 그만 받아. 다 못 마셔. 괜히 많이 받았다가 버리면 아까우니 조금만 받으면 돼."

"아빠, 마셔 봐도 돼요?"

43

"그래."

입에 살짝 대고 조금 마셨는데 역시나 맛이 없었다. 어른들은 시고 쓴 와인을 대체 무슨 맛으로 먹는 걸까?

이 재미있는 수도꼭지는 사람들이 걷다가 목마를 때면 편하게 물과 와인을 마시라는 뜻에서 만들어졌다고 한다. 결과적으로 이라체 수도원과 이 꼭지는 까미노를 얘기할 때 빠지지 않는 명물이 되었다.

아빠는 남은 와인을 마시고 출발했다. 하루에 몇 시간씩 걷다 보면 지루할 때가 있는데 아빠도 내가 지루해하는 걸 아셨는지 오늘은 스포츠 해설자 놀이를 하자고 하셨다.

"앞에 있는 독일 선수와 100미터 정도 떨어져 있는데 과연 따라 잡을 수 있을까요?"

"네, 30분 정도면 따라 잡을 수 있을 것 같습니다."

"아, 그렇군요. 말씀드리는 순간 앞에 있는 선수가 멈춰 서서 쉬고 있습니다. 지금이 기회입니다!"

"네, 한 5분 정도면 따라 잡겠는데요?"

"오르막길이라 상당히 체력이 떨어지고 있습니다. 저기까지 올라가면 내리막길이 나올까요?"

"아무래도 오르막길이니까 곧 내리막길이 나오겠죠?"

"아, 안타깝습니다. 또 다시 오르막길이 나왔습니다."

"그러면 좀 쉬었다 갈까요?"

"안 됩니다. 뒤에서 선수 다섯이 뒤쫓아 오고 있기 때문에 역 전의 빌미를 제공할 수 있거든요."

"그렇군요. 그럼 계속 걸어가야겠습니다."

이렇게 눈앞의 상황을 중계하며 걷기도 하고 아는 한자 말하 기를 하면서 걸었더니 두 시간이 훌쩍 지나가 버렸다.

45

길가에 노란 민들레가 예쁘게 피어 있었고, 어떤 민들레에는 벌써 홀씨가 붙어 있었다. 풍경은 좋았지만 앞으로 걸어가야 할 길은 길게 펼쳐져 끝이 보이지가 않았다. 옆으로 자전거를 타고 지나가는 사람을 보니 부러웠다.

"아빠, 저 사람들 보세요. 참 편하겠어요. 그렇죠?"

"그 대신에 그만큼 더 먼 길을 가지 않겠니?"

아빠 말씀을 들어 보니 그게 그거구나 싶기도 했다.

그래도 오늘은 처음으로 비를 한 방울도 안 맞고 걷는구나 했는데 목적지를 몇 킬로미터 앞두고 또 비가 내리기 시작했다.

Los Arcos

처음에는 살짝살짝 내리다가 조금씩 많이 내리는 게 쉽게 멈출 것 같지 않았다. 결국 우리가 가려던 마을 앞에 있는 로스 아르고스에 멈추어 알베르게로 들어갔다. 이미 거기에는 소라 누나, 상빈이 형, 첫째 날 론세스바예스에서 만난 선호 아저씨까지 와 있었다.

알베르게 마당에는 큰 개 한 마리가 있었는데, 순례자와 함께 온 녀석이라고 했다. 마당에서 아빠랑 테니스공을 던지고 받으며 놀다가 그만 공이 개가 있는 쪽으로 굴러 갔다. 기다리고 있었던 걸까? 녀석은 공을 보더니 덥석 물어 버렸다. 나는 개를 좋

아하면서도 무서워해서 못 갔고 대신에 아빠가 씩씩하게 다가가셨다. 그래도 혹시나 공을 빼다가 손을 물릴까 봐 살살 달래느라 진땀을 빼셨다.

"착하지? 공 이리 다오."

그쯤 하면 돌려줄 만한데 개도 같이 놀자는 것인지 공을 물고 놓지를 않았다. 겨우 공을 도로 가져왔지만 개는 미련이 남는지 뚫어져라 공을 바라봤다. 녀석, 많이 심심했나 보다.

식사 때가 돼서 근처 가게에서 파스타를 사서 한국산 라면 수프를 넣고 끓였는데, 으윽, 너무 맛이 없었다. 다들 라면 수프야말로 최고의 조미료라고 하던데 파스타와는 궁합이 안 맞나 보다. 다행히 나중에 소라 누나가 만든 카레를 얻어먹은 덕분에 쫄쫄 굶지는 않았다. 다 먹고 거실로 내려오니 미국에서 오신 아줌마와 아빠가 이야기를 하고 계셨다.

"아들과 둘이서 왔나요?"

"네."

"우리가 뒤에서 봤는데 두 사람이 걷는 모습이 너무 아름다워 보였어요."

"아유, 감사합니다."

"아들이 잘 걷더라고요. 재미있어하나요?"

"힘들어할 때도 있는데 일단 재미있어하는 것 같아요."

"그런데 여기는 어떻게 오게 된 거예요?"

"아들이랑 같이 추억도 만들고, 목표를 세우고 도전해서 어려움을 극복하고 나면 성취의 기쁨을 누릴 수 있다는 걸 알게 해 주려고요."

"아, 너무 멋져요. 감동 받았습니다."

아줌마는 정말로 크게 감명받은 눈치였다. 아빠는 내가 잘 걷는 모습이 다른 사람들에게 힘이 되는 것 같다며 흐뭇하게 웃으셨다. 그러면서 나한테 이렇게 말씀하셨다.

"성민아, 네가 아빠와 잘 걷는 모습을 보고 아줌마도 감동하셨대. 어린 꼬마가 잘 걸으니 이분들도 힘들어도 참고 걷는다고 그러시네."

우리가 그렇게 이야기하는 동안, 옆에서는 사람들이 모여서 함께 노래를 불렀다. 키가 엄청 큰 미국 아저씨가 기타를 치고 같이 있는 사람들은 흥겹게 노래했다. 내가 모르는 외국 노래였지만 무지 즐거웠다.

너무 피곤했나? 노래를 듣다가 나도 모르게 잠이 들었다. 흐릿하지만 아빠가 날 안고 끙끙 대며 방으로 올라온 기억이 난다. 오늘 나는 새로운 사실을 깨달았다. 옆에서 아무리 시끄럽게 노래 불러도 잠은 온다!

49

05

제발 우리 좀 재워 주세요

(7일째)

어제 저녁에 비가 제법 왔는지 길이 축축하게 젖어 있었다. 다행히도 오랜만에 아침 하늘이 맑았다. 어디서 왔는지 모를 예쁜 고양이 한 마리가 알베르게 앞에 앉아서 아빠와 나를 바라보고 있었다. 마치 오늘의 길을 배웅이라도 하듯이.

길은 젖어 있었지만 진흙길은 아니어서 걷기에 크게 불편하지는 않았다. 뒤를 돌아보니 등 뒤에서 비추는 햇살이 젖은 길 위의 물에 반사되어 눈부시게 반짝였다. 가는 길에 미국에 살고 계신 한국 아저씨와 아줌마를 다시 만날 수 있었다.

"아저씨는 성민이가 참 대단해. 성민이는 늘 우리보다 늦게 출발하는데 우리보다 빨리 도착하잖아. 그리고 여기서 뛰어 다니는 사람은 아마 성민이밖에 없을 거야. 아는 사람 만나면 뛰어갔다가 다시 아빠한테 오면서 왔다 갔다 하는데, 아저씨는 죽었다 깨어나도 그렇게는 못하겠어."

이제 걷는 것도 좀 익숙해졌고, 이 길을 걷는 사람들 모두 산티아고를 향해 걷는 친구들이라고 생각하니 외국인을 만나도 처음처럼 두렵거나 겁이 나지는 않았다. 오히려 내가 먼저 다가

San Saturnino
VENTOSA-La Rioja

가 인사할 때도 많아졌다.

시골길이 끝나자 좀 큰 마을이 나왔는데 사람들이 많았다.

'아, 맞다. 오늘 토요일이지?'

학교도 쉬는지 놀이터와 길거리에는 아이들도 나와서 축구를 하며 놀고 있었다. 나는 아이들이 노는 모습을 물끄러미 쳐다봤다.

'나도 같이 놀고 싶다~!'

여기 와서 계속 걷고 먹고 자기만 하다 보니 뛰어 놀 시간도

별로 없고 조금씩 지겨워졌는데 또래 친구들을 보니 같이 어울려 놀고 싶었다. 그렇지만 그 친구들에게 나는 저 먼 나라에서 온 외국인이었다.

"아빠, 저 애들이랑 같이 놀고 싶은데 말이 안 통하니까 안 되겠죠?"

"같이 놀고 싶어? 그럼 가서 같이 놀까?"

"에이, 됐어요. 그냥 가요."

돌아 나오긴 했지만 많이 아쉬웠다.

'친구들은 지금 학교에 가서 재미있게 놀고 있겠지?'

갑자기 한국에 있는 친구들의 소식이 궁금해졌다.

시계를 보니 두 시가 조금 넘었다. 골목 양쪽에는 가게가 쭉 늘어서 있었는데 셔터를 내리고 있는 곳이 많았다. 그 유명한 스페인의 낮잠 시간, 시에스타(siesta)다. 스페인, 이탈리아 같은 나라들은 낮에 엄청 덥다고 한다. 그래서 기운을 보충하고 집중력을 높이기 위해 한두 시간 정도 낮잠을 자는 풍습이 있다던데 진짜로 자는 건지 아니면 그 시간에 다른 걸 하는지 궁금했다. 은행도 문을 닫고, 거의 모든 가게가 문을 닫는데 우리나라에서는 상상하기 힘든 일이다. 더구나 지금은 별로 덥지도 않은데

꼭 시에스타를 지켜야 하는 걸까?

'더우면 에어컨을 켜고 일을 하면 될 텐데 왜 낮잠을 잘까?'

아, 생각해 보니 옛날에는 에어컨이 없었을 것이다. 그러니 자연스럽게 낮잠을 자는 게 문화가 되었고, 스페인 사람들은 아직도 그 전통을 지키고 있는 걸 수도 있겠다. 부지런하기로 소문난 한국 사람의 눈에는 게을러 보일 수도 있지만 한낮의 무더위를 꿀맛 같은 낮잠으로 보낸다니 부러웠다. 한국에서도 오후 수업 시간에 낮잠 시간을 주면 얼마나 좋을까?

마을을 빠져나와 다시 한적한 길로 접어들었는데 저 멀리 보이는 하늘이 어두웠다. 자세히 보니 우리가 걸어가는 쪽으로 구름이 움직이고 있었다. 아빠가 걱정스럽게 말씀하셨다.

"성민아, 조금 있으면 비 오겠다."

비를 품지 않은 먹구름이기를 바라면서 걸었지만 머잖아 비가 주룩주룩 내리기 시작했다. 저 멀리 햇빛은 우리를 비추고 있는데, 만화의 한 장면처럼 우리가 있는 곳만 구름이 따라다니면서 비를 내리는 것 같았다. 주변을 둘러봐도 비를 피할 만한 건물이나 잎이 무성한 나무가 없으니 그냥 걸어야 했다.

"아빠, 바지가 달라붙어서 걷기도 힘들고 차가워요."

나는 괜히 짜증이 나서 아빠에게 볼멘소리를 했다.

"그럼 어떡하니? 비를 피해 갈 데도 없으니 그냥 가야지. 불편해도 어쩔 수 없어."

"추워요."

"참아."

아빠는 더 이상 아무 말 없이 휘적휘적 걸어갔다. 나도 별 뾰족한 수는 없었지만 그래도 괜히 심통이 났다.

10분이 지나서야 비가 그쳤다. 아빠와 나만 따라다니는 것 같던 비구름은 사라졌고, 따사로운 햇살만 남았다. 그래도 바지는 여전히 물에 젖어 착 달라붙어 걸을 때마다 차갑고 찝찝했다.

앗, 그런데, 길이 사라졌다!

힘들게 걸었는데 어느 샌가 길이 없어진 것이다. 조금 전까지 내리던 비 때문인지 가야 할 길에 물이 넘쳐흘러서 물바다가 되었다. 주위를 둘러봐도 딱히 밟고 갈 수 있는 돌도 없고, 돌아갈 만한 길도 안 보였다. 어떤 사람은 용감하게 그냥 건너가기도 했다. 가기는 가야 하니 어쩔 수가 없었다. 아빠랑 나도 그냥 길을 건너기로 했다.

비록 아까 내린 비에 신발이 젖었지만 최대한 물에 덜 빠지게

가장자리 쪽으로 조심스럽게 걸어갔다. 그런데 신발이 진흙에 쑥 빠지며 흙탕물이 신발 속으로 들이닥치고 말았다. 어떻게 빠져나오긴 했는데 그 10미터를 걷는 사이에 신발은 더 엉망이 되었고, 양말까지 흠뻑 젖어 발가락이 튀어 나올 것만 같았다.

"으~ 찝찝해!"

기분은 나빴지만 꾹 참고 걸어갔다.

참는 자에게 복이 있으리!

어느덧 로그로뇨에 가까워졌다. 양쪽 길가에 활짝 핀 유채꽃들이 우리를 환영해 주는 것만 같았다. 그런데 그 앞에 뭔가가 있었다! 자세히 보니 아기 생쥐였다. 너무 어려서인지 아니면 비를 맞아 정신이 없는지 사람을 보고도 가만히 있었다. 나무 꼬챙이로 툭 건드렸더니 휙 뒤집어져 버렸다.

"얘 왜 이래요?"

아기 생쥐는 그제야 사태를 파악했는지 조금 엉성한 걸음으로 유채꽃밭 안으로 쏙 들어가 버렸다.

"야, 이리 나와~! 나하고 놀자!"

스틱으로 아기 생쥐가 들어간 유채꽃 사이를 쿡쿡 쑤셔 봤지

만 생쥐는 이미 사라지고 없었다. 자꾸 건드리니까 무서워졌나 보다.

　다리를 건너 로그로뇨로 들어왔는데 다시 비가 내렸다. 이번에는 비를 안 맞으려고 알베르게까지 뛰어서 도착했는데 아뿔싸, 정문이 닫혀 있고 '자리 없음'이라고 써 놓은 듯한 종이가 붙어 있었다.

　"아빠, 자리가 없나 봐요."

　혹시나 하고 우리는 옆으로 돌아서 옆문으로 들어가 보았다.

아빠가 안에 있던 사람에게 물어보셨는데 표정이 어두웠다.

"성민아, 벌써 자리가 없대. 이런 적이 없었는데. 다른 데로 가 보자."

아빠는 예상치 못한 상황에 조금 당황해하며 지도를 들고 5분 정도 떨어진 알베르게를 찾아갔다. 세상에나! 거기도 자리가 없 단다. 이제 남은 알베르게는 두 개. 비를 맞으며 비에 젖어 너덜 너덜해지는 지도를 들고 물어물어 10분쯤 떨어진 알베르게에 갔다. 사람들이 줄을 서는 걸 보니 자리가 남은 모양이었다.

"아빠, 저기 사람들이 줄 서 있어요. 빨리 뛰어 가요!"

"괜찮아, 괜찮아. 천천히 가자."

나는 뛰자고 했는데 아빠는 빗길을 걷느라 힘들었는지 천천 히 걸어가자고 하셨다. 결국 우리는 천천히 걸어가서 줄을 섰다. 맨 앞에 우리와 몇 번 인사를 나눈 독일인 부부, 스페인 커플이 있었고 우리는 그 다음에 섰다. 독일인 부부가 등록을 하며 알 베르게의 여자 주인인 오스피탈레라와 뭔가 대화를 나눴다. 그 러더니 아빠를 쳐다보며 자리가 네 개밖에 안 남았다는데 어떡 하느냐며 안타까운 표정으로 이야기했다.

"성민아, 자리가 네 개 밖에 없대. 우리 앞에서 잘리나 봐."

"아휴, 그래서 아까 뛰자고 했잖아요~!"

나는 우리 앞에서 잘린다는 말에 짜증이 났다.

"잠깐만 있어 봐. 일단 기다렸다가 물어보자."

아빠는 마지막 알베르게까지 자리가 없으면 어떡하나 하고 걱정하고 있었는데, 앞에 서 있는 스페인 아줌마가 자리가 많으니 걱정 말라고 얘기해 주었다.

'엥, 이건 또 무슨 소리지?'

우리 차례가 되었는데 다행히 자리가 있었다. 아마 독일인 부부와 스페인 오스피탈레라 사이에 언어 문제가 있어서 잘못 이해했나 보다.

"아빠, 다행이에요."

나는 안도의 한숨을 쉬었고, 독일인 부부도 정말 잘됐다며 같이 좋아했다. 이 길을 걷는 사람들은 자기 일이 아닌 다른 사람의 일에도 같이 기뻐해 주고 같이 슬퍼해 준다.

나중에 알게 되었는데 다음 날은 가톨릭 국가인 스페인에서 매우 크게 여기는 명절인 부활절이었다. 부활절을 끼고 일주일 정도 휴가를 쓰는 스페인 사람들이 많아서 알베르게가 그렇게 빨리 자리가 차 버렸다고 했다. 스페인 사람들 대부분이 가톨릭을 믿는다던데 오늘 이 사실을 뼈저리게 느낄 수 있었다.

침대를 배정받고 나서 몸을 씻어 비에 젖은 찝찝한 느낌을 날려 버렸다. 젖은 빨래는 세탁기에 넣어 돌리고 바로 옆에 있는 식당으로 가서 순례자들에게 저렴한 가격으로 제공하는 순례자 메뉴를 주문했다.

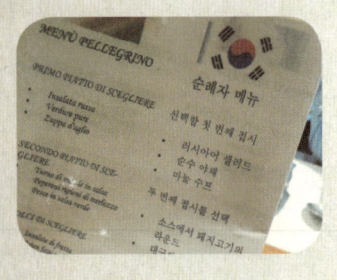

영어를 전혀 못하는 식당 아줌마가 친절하게 음식을 보여 주며 주문을 받았는데 어디선가 일이 꼬인 듯했다. 우선 샐러드부터 우리가 주문한 거랑 다르게 나왔다. 게다가 분명히 아빠는 닭고기, 나는 돼지고기를 주문했는데 닭고기만 두 접시가 나온 것이다.

"아빠, 음식이 잘못 나왔어요. 바꿔 달라고 말해 주세요."

"성민아, 여기 아줌마는 영어를 못하고 아빠는 스페인어를 못하잖아. 설명하려면 힘들어. 그냥 먹자."

"그래도……."

나는 돼지고기를 먹고 싶었는데 아빠가 끝까지 안 도와줘서 서운했다. 그래도 닭이 맛있어서 참았다. 그래, 맛있으면 됐지.

옆에선 대형 스크린으로 스페인 축구 경기를 중계하고 있었다. 여기에서도 축구는 인기 폭발인지 많은 사람들이 경기를 보고 있었다. 스페인은 오랫동안 피파(국제축구연맹) 랭킹 1위를 차지하고 있고, 호날두와 메시 같은 유명한 선수가 뛰고 있는 프리메라 리가(Primera Liga)도 있다. 그래서 스페인 사람들의 축구에 대한 열정과 자부심도 대단하다고 들었다. 아빠와 함께 스페인 사람들 사이에 끼어 다 같이 열띤 분위기에 녹아들었다.

알베르게로 돌아올 때, 잠시 그쳤던 비가 또 주룩주룩 내리고 있었다. 그런데 어디서 많이 보던 사람들이 우리 숙소 앞에서 지도를 보며 머리를 맞대고 있는 게 아닌가?

"아, 어젯밤에 알베르게에서 노래 불렀던 사람들이다!"

그런데 이를 어쩌나. 알베르게에는 이미 자리가 없는데. 비 오는 밤, 자리가 없다는 안타까운 말에 순례자들은 어디론가 발걸음을 옮기고 있었다.

조금만 더 맛있게 해 주세요

(10일째)

옛날 옛적 어느 날, 부모님과 함께 순례길을 나선 아들이 있었다. 어떤 마을에서 하루 머물러 가는데 한 여인이 그 아들한테 반해서 사랑을 고백했다. 그런데 아들이 매정하게도 단칼에 거절해 버리자 여인은 앙심을 품고 금잔을 아들 가방에 몰래 넣어 버렸다. 아들은 금잔을 훔쳤다는 누명을 썼고 결백을 주장했지만 교수형을 당하고 말았다.

순례를 마치고 돌아온 아들의 부모는 아들이 살아 있다는 하늘의 음성을 듣고 재판관에게 달려가 이야기했다. 그러자 재판관은 "당신 아들이 살아 있다면 내가 먹으려던 이

닭도 살아 있을 거요."라고 했다. 그 순간, 그릇에 있던 닭
이 살아나더니 꼬꼬댁 노래하고 저 멀리로 날아갔다.

좀 황당한 이야기이지만 이런 전설을 품고
있는 도시, 산토도밍고 데 라 칼짜다에 도착
했다. 성당 안으로 들어가니 유리로 만든 닭장
안에 닭 두 마리가 들어 있었다. 이 닭들이 그때
부활한 닭은 아닐 텐데 이렇게 갇혀서 사람들의 구경거리가 된
다고 생각하니 조금 불쌍했다.

오늘은 아빠가 꼭 가 보고 싶다던 그라뇽 알베르게까지만 가
면 된다. 그래서 다른 날보다 조금 적게 걷는 날이었다. 보통 공
립 알베르게는 1인당 5유로 정도이고 사립은 7~15유로 정도 내
야 하는데, 오늘 가는 그라뇽의 알베르게처럼 간혹 기부제로 운
영되는 알베르게도 있다.

나는 기부라는 말을 알고는 있었지만 막상 기부를 해야 한다
고 생각하니 어떻게, 얼마를 하면 좋을지 감이 안 잡혔다.

"아빠, 기부제로 운영한다면 돈을 안 내도 되는 거예요?"
"응, 돈을 낼 사정이 안 되는 사람들한테는 그렇지. 말 그대로

기부니까."

"그럼, 우리는 어떡해요?"

"우리는 내야지. 우리가 보통 알베르게에서 먹고 자고 하면 무조건 돈을 내야 하잖니? 성당에서도 우리를 위해 식사를 주고 잠자리를 주는데 돈을 내야하지 않겠어?"

"그러면 얼마 낼 거예요? 1유로만 내면 안 돼요?"

"우리가 먹고 자는 만큼은 내야지. 가서 보고 정하자."

나는 기부라는 것이 참 묘하게 느껴졌다. 어떤 사람은 돈을 안 내기도 하고, 또 어떤 사람은 다른 알베르게에 내는 것보다 더 많이 내기도 한다니 말이다. 사실 다른 알베르게에 내는 돈보다 더 큰돈을 내는 사람이 있을까 싶었는데 다시 생각해 보니 그럴 수도 있을 것 같았다. 편안한 잠자리와 맛있는 식사에 감사하며 낼 수도 있을 테고, 돈을 낼 수 없는 사람들 몫으로 대신 낼 수도 있겠지. 기부제 알베르게는 정말로 적극적으로 기부하는 마음들이 모여서 이 길을 걷는 사람들에게 잠자리와 먹을거리를 제공할 수 있는 것 같다.

'아빠는 과연 얼마를 낼까?'

그렇지만 나는 끝까지 그 질문에 대한 답을 알아내지 못했다.

65

san saturniño
VENTOXA-La Rioja

2시쯤 그라뇽에 도착해서 알베르게가 있는 성당 안으로 들어섰다. 입구에는 이미 신발이 가득했고 항아리에는 스틱도 많이 꽂혀 있었다. 안으로 들어가니 의외로 사람은 별로 없었고 오스피탈레라가 우리를 반겨 주고 안내해 주었다. 계단을 올라가니 여기에는 침대가 없었다. 그 대신 매트리스를 깔고 자게 되었는데 오히려 그게 더 좋았다.

짐을 내려놓고 성당 주변을 돌아다니는데, 한쪽에 독일에서 오신 할머니가 앉아 계셨고 할아버지는 할머니의 발을 잡고 계셨다. 가까이 가 보니 할머니 발에 물집이 잔뜩 잡혀 있었다. 할아버지는 바늘로 물집을 터뜨리고 있었다. 징그럽기도 하고 아플 것 같기도 해서 표정 관리가 안 됐다. 날 보더니 할머니가 바늘을 내보이며 '너도 찔러 줄까?' 하는 표정을 지으셨다. 나는 고개를 절레절레 흔들고 얼른 도망쳐 나왔다.

지금까지 우리 발에는 물집이 생기지 않았다. 새끼발가락 위에 조그만 점 같은 게 하나 생겨서 물집인가 했지만 아빠는 아니라고 하셨다. 아주 작은 물집이라도 걸을 때 많이 아프고 불

편하니 물집 없이 걷는 것도 복이라고 하셨다. 할머니와 할아버지 모습을 보니 정말 그런 것 같았다.

알베르게로 돌아와 아빠 스마트폰으로 구멍에 구슬 넣는 게임을 하고 있으니 다른 사람들도 옆으로 와서 지켜봤다. 내가 전화기를 주며 차례대로 돌아가면서 하자고 했다. 다들 게임을 즐겼는데 거기에 숨은 고수가 있었다. 프랑스에서 온 클리머라는 형이었다. 내가 간지럼을 피우며 장난을 치기도 하고, 서로 머리를 맞대고 게임을 하기도 했다. 그 사이에 우리는 정이 들었다.

게임만 하기에는 좀 아쉬웠는데, 클리머가 날 보고 주먹을 쥐는 시늉을 하면서 뭔가를 설명해 주었다.

"성민, 주먹을 쥐고 팔을 쭉 펴 봐."

그러더니 내 뒤로 가서 내 주먹을 손으로 감싸고 들어올렸다. 경기의 규칙은 클리머가 뒤에서 나를 들고 있다가 나를 내려놓으면 내가 이기는 것이고, 내가 먼저 팔을 굽혀서 내려오면 클리머가 이기는 것이었다. 결국 누가 더 오래 견디나 하는 건데 나도 요 며칠 간 계속 걸으면서 인내심을 차곡차곡 쌓아 왔다. 그렇게 쉽게 점수를 내 줄 마음은 없었다.

처음엔 내가 이겼다. 클리머가 나를 내려놓은 것이다.

"내가 이겼다! 야호!"

그러고 나서 몇 번 더 했다. 열흘이나 걸으면서 이렇게 재미있게 놀아 주는 사람이 없었는데, 오늘은 너무너무 즐거웠다.

마침 알베르게에 체스도 있어서 아빠와 둘 생각으로 가지고 왔더니 미국에서 온 밥이라는 소방관 아저씨가 나더러 체스할 줄 아냐고 물어보고는 같이하자고 했다. 그런데 하다 보니 내가 아는 규칙과 좀 다른 게 있어서 애매했다. 아니라고 물어보려고 해도 말이 통해야지 원. 체스도 나라마다 규칙이 다 다른가?

두 판을 뒀는데 두 번 다 지고 말았다. 그래도 체스 둘 때, 밥이 날 칭찬해 줘서 기분이 좋았다. 내가 말을 움직일 때마다 씩 웃으면서 좋은 위치로 옮겼다고 말해 줬다. 비록 졌지만 밥이랑 즐거운 시간을 보냈다.

식사 시간이 되어 알베르게에 있던 모든 사람들이 식탁을 펴고, 식탁보를 깔고, 접시와 수저를 놓고, 음식을 나르며 함께 식사 준비를 했다. 특이하도 식사 전에 오스피탈레라가 스페인어

69

와 영어로 길게 뭐라고 얘기했다.

"아빠, 뭐래요?"

"다는 못 알아듣겠고 기부에 관한 말하고, 다 같이 맛있게 먹은 다음에 치울 때도 함께 치우자는 그런 얘기인 것 같아."

드디어 식사가 나왔다. 처음에는 우리나라 죽처럼 생긴 것이 나왔다. 한 입 먹어 보니 텁텁한 게 맛이 별로다. 아빠는 맛있다고 많이 먹으라고 하셨지만 아빠의 표정도 썩 좋아 보이지가 않았다. 나는 죽보다 빵으로 배를 채웠다. 다 먹고 나서 그릇을 치우는데, 러시아에서 온 에바가 설거지를 하겠다고 나서서 그릇만 전달해 주고 우리는 식탁을 치웠다.

알베르게 안을 돌아다니다가 드디어 잘 시간이 되어 2층으로 올라와 누웠다. 그동안에는 맨날 1층에서 자느라 2층 침대의 아랫부분만 봤는데 천장이 보이니 답답하지 않아서 좋았다. 바로 옆에 아빠가 누워 있는 건 더 좋았다. 이곳 그라뇽에서 새로운 친구들을 많이 만나고 즐겁게 보내서 너무 행복했다. 아, 음식이 조금만 더 맛있었으면 더 좋았을 텐데.

07

마을아, 마을아
어디에 있니?

(14일째)

　그저께는 알베르게를 2킬로미터 앞두고 비를
쫄딱 맞았고, 어제는 알베르게를 3킬로미터
정도 앞두고 눈이 내려 눈을 맞으며 걸었다.
둘 다 별로지만 그래도 눈은 비하고는 달리 옷이 바로
젖지 않으니 걸을 때 크게 불편하지도 않았고 4월에
내리는 눈이 마냥 신기하기만 했다.

　짐을 챙겨 알베르게를 나오니 날씨는 흐렸지만 바람이 잦아
들어 어제 오후보다는 덜 추워서 걷기가 괜찮았다. 부르고스는
대도시답게 건물도 많았고 차도도 번듯하고 넓었다. 그렇지만

san saturnino
VENTOSA·La Rioja

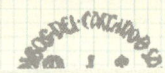

토요일 이른 시간이라 그런지 마을 분위기는 다른 마을과 크게 다르지 않았다. 어쨌든 넓긴 넓어서 빠져나오는 데 시간이 꽤 걸렸다.

도심을 벗어나 흙길로 접어들었는데 그동안 내린 비 때문에 군데군데 웅덩이가 파여 있었고, 우박인지 싸라기눈인지 모를 것이 내 얼굴을 때려서 따가웠다. 두 시간쯤 걷고 나서 바에 들러 따뜻한 코코아를 한 잔 들이켰다. 그제야 몸이 좀 풀리는 것 같았다.

바 한쪽 벽면에는 세계 여러 나라 돈들이 붙어 있었다. 어디서 많이 보던 낯익은 돈들이 눈에 들어왔다. 보라색이 잘 어울리는 이황 선생님 몇 분과 누르스름한 게 보기 좋은 이이 선생님 한 분이 자리 잡고 계셨던 것이다. 은색으로 번쩍번쩍 빛나는 이순신 장군님도 계셨다.

여기에선 쓸모없는 이 돈을 떼어다 한국에 가져가서 쿠키 런 딱지를 사면 얼마나 좋을까? 하지만 그렇게 해선 안 되겠지? 대신에 바 아저씨가 건네주신 작은 목걸이를 목에 걸었다. 무슨 의미로 주셨는지는 몰라도 분명 좋은 뜻일 거다.

바를 나와 늘 하던 대로 길을 걸었다. 흐릿한 하늘은 조금씩 사라지고 점점 푸른 하늘이 넓어졌다. 태양도 구름에 가렸다 나왔다 반복하며 몸을 따뜻하게 해 주었다. 부르고스를 지나 스페인의 고원지대인 메세타 지역에 접어들었다. 스페인이 자리 잡은 이베리아 반도 중앙에 있는 고원으로, 주변이 온통 다 산으로 둘러싸인 곳이다. 비도 거의 안 와서 사는 사람도 얼마 없고, 농사도 잘 안 짓는 곳이라 좀 지루하다고 했다. 그렇지만 하늘과 땅이 맞닿은 지평선을 볼 수 있고 그 어떤 것에도 방해받지

않는 광활한 대지를 볼 수 있는 길이기도 했다.

　"성민아, 너무 멋지지 않니?"

　"멋지긴 한데 별로 재미는 없네요."

　며칠 동안 우리랑 함께 걷던 한국인 써니 누나는 바를 나와 먼저 출발했고, 며칠 전에 나랑 알베르게에서 장난치던 클리머는 어디 갔는지 모르겠다. 자연스레 아빠와 둘이서 걷는 시간이 많아졌다. 아빠와 이야기도 많이 하지만, 보름 가까이 걷다 보니 이야깃거리도 떨어져서 말없이 걷는 시간이 늘어났다.

　"아빠, 언제 도착해요?"

　"아직 많이 남았는데."

　하늘엔 먹구름이 아직 많이 남아 있었지만 햇빛이 대지를 환하게 비춰 줘서 풀은 더욱 파래졌고 먹구름이 없는 쪽의 하늘은 더욱 더 푸르렀다. 마치 컴퓨터 배경 화면을 보는 것 같았다. 날씨가 화창해지면서 무척 멋진 경치가 펼쳐지자 조금은 덜 지루해졌다. 하지만 그것도 오래 못 갔다. 설악산처럼 폭포도 있고 멋진 기암괴석도 있고 고개 넘으면 또 다른 아름다운 모습이 펼쳐지는 게 아니라 같은 경치가 살짝살짝 바뀌며 반복되고 있으니 큰 변화가 없었다. 아무리 좋은 것이라도 자꾸 보면 느낌이

무뎌지는 것처럼 이제 멋진 경치도 별로 눈에 들어오지 않았다.

한참 그렇게 가다가 상황이 조금 달라졌다. 길이 온통 신발에 착착 달라붙는 진흙 천지였다. 우리를 앞질러 가던 자전거 순례자는 진흙에 빠져 자전거를 빼내려 낑낑댔다. 도와줄까 하는 생각이 들었지만 그 사람도 조금씩 앞으로 가고 있었고, 내가 뭘 어떻게 도와줘야 할지 몰라 그냥 지나쳤다. 자전거 순례자는 자전거를 밀면서 조금씩 앞으로 나아갔다.

그 사람도 안됐지만 우리도 진흙을 밟지 않으면 도저히 앞으

로 나아갈 수 없는 상황이었다. 한발 내디디고 발을 떼면 신발에 진흙이 덩어리로 붙어 딸려와 잘 떨어지지 않았다. 발이 무거워져 내 발이 아닌 것 같았다. 미끄러지지 않으려고 다리에 힘도 더 줘야 했다. 옆으로 가는 게 좀 나아 보여서 길옆에 있는 밭둑으로 올라갔는데 거기도 비슷했다. 그래도 아래쪽보다는 좀 나았다. 이렇게 겨우겨우 진흙길을 빠져나왔다.

"아빠, 이제 얼마나 남았어요?"

"2킬로미터 정도? 그런데 마을이 안 보이네. 지금쯤이면 멀리서라도 마을이 눈에 들어와야 하는데. 이상해."

"아빠, 내가 힘들어해서 일부러 다 왔다고 하는 거죠?"

"아니야, 아빠가 거짓말을 왜 해? 아빠도 지금 좀 이상해. 저 멀리까지 다 보이는데 마을은 안 보여서."

조금 더 가니 밥이 배낭을 내려놓고 앉아서 쉬고 있었다. 밥도 마을이 안 보인다고 이상해하고 있었다. 나는 밥 옆에 가서 앉았다. 밥이 그 자리에 눕자 나도 따라 벌렁 누웠다. 곧 아빠도 와서 같이 누웠다. 조금 따갑긴 해도 오랜만에 따뜻한 햇살을 온몸으로 받으며 누워 있으니 걸을 땐 미처 몰랐던 봄바람 기운이 코끝에 느껴졌다.

잠시 누워 있다가 다시 배낭을 메고 걷는데 5분도 채 지나지 않아 마을이 나왔다. 우리가 찾던 온따나스 마을은 평지가 아니라 요새처럼 평지에서 아래로 쏙 내려간 곳에 있었던 탓에 멀리서 안 보였던 것이다.

알베르게에 들어가 짐을 풀었다. 아빠가 소시지 볶음밥을 해 주신다고 해서 나도 양파를 까고 소시지를 썰며 요리를 거들었다. 한국에서 온 써니 누나, 스코틀랜드에서 온 크리스와 함께 나눠 먹었다. 크리스는 입으로 악기 소리를 내며 주변 사람들을

san saturnino
VENTOXA-La Rioja

78

즐겁게 해 줬다.

그런데 아빠는 크리스가 영국식 영어에다 스코틀랜드 특유의 강한 억양을 섞어 써서 무슨 말인지 잘 못 알아듣겠다고 하셨다. 크리스가 무슨 이야기를 해도 전달이 잘 안 되니 크리스도 이야기하다가 어깨를 살짝 들어 올리며 난처한 표정을 짓기도 했다. 그래도 다 먹고 나서 크리스가 설거지를 하겠다는 뜻은 알아들었다. 어떻게 알았느냐고? 그야 손으로 그릇이랑 자기를 가리키며 씻는 동작을 하고 있었으니까!

우리가 머문 알베르게는 1층의 바와 연결되어 있어 마음대로 드나들 수 있었다. 노랫소리가 나서 가 보니 어떤 예쁜 누나가 기타를 치며 노래를 불렀고 다른 사람들은 가만히 듣고 있었다.

해가 지는 온따나스엔 어둠과 함께 추위가 몰려왔다. 아직 초봄이라 그런지 아침, 저녁으로 꽤 쌀쌀했다. 잠깐 밖에 나가 보니 주변 하늘이 온통 붉은빛으로 물들어 가며 하늘과 맞닿은 땅 아래로 해가 지고 있었다. 오늘도 이렇게 하루가 저물었다.

08

하늘과 땅이
맞닿은 곳으로

(17일째)

아침에 알베르게를 나서는데 클리머가 짐을 챙기지 않고 누워 있었다. 왜 그런지 물어보니 배가 아파서 밤새도록 화장실에 들락거렸다고 했다. 어제 아빠가 제육덮밥을  만들어 주셔서 같이 먹었는데……. 아빠는 클리머한테 음식이 잘 안 맞았던 것 같다고 하셨다. 클리머는 어제 물을 잘못 마신 것 같다고 했는데 아빠는 아무래도 어제 제육덮밥 때문에 클리머가 아픈 것 같다며 신경을 쓰셨다. 생각해 보니 클리머는 어제 점심때 우리랑 같이 이틀 된 찬 주먹밥을 하나 먹었다.

'설마 주먹밥 때문에?'

그렇지만 잠깐. 주먹밥 먹은 걸로 치자면 아빠랑 내가 훨씬 더 많이 먹었는데 우린 괜찮으니 주먹밥한테도 죄가 없을 것이다. 아무리 생각해도 클리머가 아픈 이유를 찾을 수가 없었다. 클리머는 자기는 괜찮으니 먼저 출발하면 하루 쉬었다 뒤따라 가겠다고 해서 우리는 우리가 갈 길을 가기로 했다.

오늘은 무려 18킬로미터 동안 아무것도 없는 메세타 지역을 통과해야 했다. 흐리고 비가 흩뿌리다 말다 해서 처음부터 비옷을 입고 출발했다. 마을을 빠져나와 시골길로 접어들었다.

'여기서부터 시작인가 보구나.'

주변엔 이름 모를 풀들만 있고, 저 멀리 한두 그루의 나무만 보였다. 가끔 나무가 줄지어 있는 곳도 있었지만 전반적인 느낌은 휑했다. 오른쪽 하늘엔 먹구름이 낮게 깔려 있었고 왼쪽 하늘엔 해가 비치지는 않아도 흰 구름이 있어 대조를 이뤘다. 우리는 먹구름과 흰 구름이 만나는 그 경계선을 가로지르며 걷고 있었다.

중국에서 온 단단이라는 누나가 있었다. 이제 서른 살이라고 했는데 키가 나보다 조금 더 큰 정도였다. 무릎까지 오는 반바

지를 입고 있어 추울 것 같은데, 자기가 살고 있는 곳이 워낙 추워서 이 정도 추위는 문제없단다. 어제 잠깐 같이 걸었는데, 키가 작은데도 엄청 빨리 걸었다. 조금 전까지만 해도 내 뒤에서 따라오더니만 어느새 "올라!" 하면서 나를 앞질러 갔다.

내가 다시 따라 잡으려고 빨리 걸었더니 단단도 눈치를 챘는지 같이 속력을 냈다. 예정에 없던 맹렬한 경주가 시작되었다.

'이야, 빠르다~!'

도저히 못 따라가겠다. 한참을 따라 가다가 나는 멈춰서 혀를

쑥 내밀며 가쁜 숨을 몰아쉬었고, 단단은 나에게 씩 웃어보였다. 그렇게 나는 지고 말았다.

진 것도 서러운데 바람도 엄청 세게 불었다. 다행히 비는 그쳤지만 바람을 막아 줄 만한 것이 없어서 바람이 불면 부는 대로 온몸으로 받아들여야 했다. 바람이 뒤에서 불어오면 차라리 걷기 편할 텐데 바람이 앞쪽에서 불어오니 눈을 뜨기도 힘들고 걷기도 더 어려웠다. 그나마 다행인 건 그래도 추위를 견딜 만하다는 정도일까?

"성민아, 바람 엄청 세다! 아빠 뒤에 바짝 붙어서 따라 와. 그러면 좀 괜찮을 거야."

아빠 뒤에 바짝 붙어 걸었더니 가까이 붙으면 아빠 발에 부딪히고 앞이 가려 답답했고, 조금 떨어지면 바람이 별로 막아지지 않고 내 몸을 마구 흐트러뜨렸다. 결국 나는 그냥 옆으로 나와 아빠와 나란히 걸었다.

"아빠 뒤에 있으면 앞이 안 보여서 답답해요. 그냥 걸을래요."

이 길엔 쉴 만한 데가 없는 줄 알았는데 돌 벤치가 하나 있었다. 이곳에 그라뇽에서부터 종종 같이 걸었던 이탈리아의 실비아, 오스트리아의 크리스티앙, 그리고 아까 경주했던 중국의 단

단이 먼저 와서 쉬고 있었다. 모두 30대의 나이 많은 형, 누나들이었다.

잠시 앉아 있었지만 여기도 바람을 막아 주지는 못해서 가지고 있던 초콜릿과 땅콩을 나눠 먹고 잠시 쉬었다가 다시 출발했다. 조금 더 걷다 보니 정말로 하나 걸리는 것 없이 완벽한 지평선이 눈앞에 펼쳐졌다. 아, 드넓다!

"성민아, 지평선이야. 멋지지?"

수평선은 몇 번 봤어도 이렇게 멋진 지평선은 처음 봤다. 며칠 전에도 지평선을 보기는 했지만 지금 보는 것이야말로 나무한 그루 가리지 않는, 정말로 가장 완벽한 지평선이었다.

'내가 지금 하늘과 땅이 맞닿은 저기를 향해 가고 있단 말이지? 근데 진짜 저기가 나한테 가까이 오기는 하는 걸까?'

그렇지만 벅찬 느낌과 멋진 경치도 잠깐이었고 이내 세찬 바람을 맞으며 걸어야 하는 고된 현실로 되돌아왔다. 바람을 계속 맞았더니 얼굴 표정이 사라지고 점점 더 굳어져 가는 것 같았다. 그래도 비가 안 오는 게 어디냐며 감사하는 마음으로 걸었다.

지루하게 이어지던 18킬로미터나 되는 거리도 드디어 끝이 보였다. 길 앞에 집만 달랑 몇 채 있고 거리에 오가는 사람도 없

는, 마을 같지 않은 마을에 도착한 것이다. 과연 사람이 살기는
하는지 의심스러울 정도로 조용한 곳이었다. 흐린 날씨 때문에
더 그래 보였다.

　놀이기구 몇 개가 덩그러니 놓인 조그만 놀이터 벤치에 앉아
빵, 초콜릿, 과일로 점심을 때우고 잠시 쉬었다가 다시 걸었다.
아까 앞에 걷던 사람들은 다 어디로 갔는지 없었다. 앞에도 뒤
에도 사람이 없다. 이 길에는 오직 아빠와 나만 남았다.

　우리 아빠는 가게에서 일하셔서 나랑 같이 보내는 시간이 별

로 없다. 내가 아침에 일어나서 학교 갈 때까지만, 그리고 토요일에만 잠깐 함께하는데 대화하기보다는 노는 시간이 더 많다. 그렇지만 이 길에서는 몇 시간을 같이 걸으니 아빠와 이야기할 시간이 많았다. 내 꿈, 아빠의 꿈, 학교생활, 내가 좋아하는 것 등등 평소에 잘 꺼내지 않던 이야기가 술술 나왔다.

아빠와 이렇게 24시간 동안 같이 먹고 자고 걷는 경험을 하니 아빠의 새로운 모습도 볼 수 있었고, 모든 것이 새롭고 즐거웠다. 아빠는 내가 무조건 공부만 하기를 원하지는 않는다고 하셨다. 어떤 일이든 내가 하고 싶은 것이 있으면 열심히 해서 그 분야에서 최고가 되겠다는 목표를 가지라고 하셨다. 내가 되고 싶은 건…… 야구 선수, 건축가, 약사 등이다, 그렇지만 그중에서 내가 정말 하고 싶은 것이 무엇인지는 아직 잘 모르겠다. 아빠는 꿈과 목표는 꼭 가져야한다고 하셨다. 나도 그런 것을 생각해 봐야겠다.

우리는 한동안 말없이 걸었다. 아빠는 앞서서 걷고 나는 그 뒤를 따라 터벅터벅 걸어갔다. 우리 말고는 다른 사람들이 없는 데다가 따분한 길만 반복되니 지겨워졌다. 어느덧 우리가 자고 갈 마을

이 나왔다. 여기도 메세타 지역이라 그런지 마을이 작았다. 슈퍼마켓도 없었고 조그만 바에는 할아버지 몇 분만 계셨다.

알베르게에 도착해서 방을 안내받았다. 다른 방에는 사람들이 있는데, 10명이 쓸 수 있는 우리 방에는 우리 말고는 아무도 없었다.

"아빠, 우리 마을 구경하러 나가 봐요."

그런데 정작 바깥으로 나와 보니 바람은 쌀쌀하고 마을이 너무 작아서 구경할 것도 없었다. 그래서 바로 돌아왔다. 미국 소방관 아저씨 밥이 애니메이션을 보겠느냐며 〈슈렉〉을 틀어 주었다.

'슈렉하고 피오나 공주가 영어로 떠들고 있어!'

심지어 자막도 없었다. 생각해 보니 미국인인 밥한테 자막이 필요할 리가 없었다. 그래도 밥 먹기 전에 시간도 많이 남았고 딱히 할 일도 없어서 멍 하니 화면을 보며 시간을 보냈다. 간혹 알아듣는 말도 있긴 했다.

주변에 식당이나 슈퍼가 없고, 알베르게에도 부엌이 없어서 선택의 여지없이 순례자 메뉴를 먹어야 했다. 식사 시간이 되어 아빠는 생선, 나는 돼지고기를 시켰다. 아빠 앞으로 나온 생선 요리에는 생선 대가리가 없었다. 으, 왠지 그 모습이 징그러웠다. 나야 어차피 먹을 생각이 없었지만 좀 잔인해 보였다. 내 앞에 놓인 돼지고기는 돈가스 같았지만 좀 달랐다.

여기 식사는 한국처럼 한 상 가득히 차려 나오는 게 아니라 순서대로 조금씩 나온다. 먼저 빵과 와인 또는 맥주, 그리고 내가 마실 물이 나온다. 그리고 나서 메인 메뉴가 나오고 과일이나 요거트 같은 게 후식으로 나오는 형식이었다.

그때 오스피탈레라가 후식으로 뭘 먹겠느냐고 물어봤다.

"아빠, 아이스크림은 없대요?"

"그러게. 요거트, 바나나, 오렌지만 말하는데?"

오스피탈레라가 아이스크림이란 단어를 알아듣고 눈치 채셨는지 특별히 나한테만 아이스크림을 주겠다고 했다.

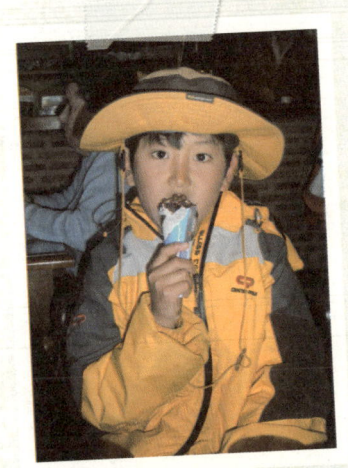

나는 어른이 아니라서 가끔 이런 특별 대접을 받을 때가 있다. 그럴 때마다 괜히 기분이 좋았다. 내가 아이스크림을 받아먹고 있으니 주변 사람들이 다 쳐다보며 부러워했다. 오랜만에 먹은 아이스크림은 입에서 살살 녹았다.

식사를 마치고 엄마랑 통화했다. 엄마가 나보고 대단하다고, 훌륭히 잘하고 있다며 칭찬해 주셔서 뿌듯했다. 이제 산티아고까지는 반도 남지 않았다. 충분히 잘해 낼 수 있겠다는 자신감이 솟구친다.

전화 통화도 끝냈고, 볼 것이나 할 게 없어서 그냥 일찍 자기

로 했다. 마침 우리 방에는 우리 둘 밖에 없어 편안하게 잘 수 있을 것 같았다. 하지만 조금 심심했다. 그리고 보니 내 친구 클리머는 이제 좀 나았을까?

퍼붓는 빗속의아빠와나

(19일째)

나는 자느라 몰랐는데, 아침에 일어나니 어젯밤에 알베르게에서 도난 사고가 일어났다고 했다. 내가 자는 동안에 경찰도 왔다 갔다는데 범인은 못 잡았단다. 스페인 부부가 우리에게도 소지품을 잘 관리하라고 조언해 주었다. 도대체 누가 훔쳐갔을까? 다행히 우리 짐은 무사했지만 소중한 물건을 잃어버린 누나는 되게 속상하겠다.

아침의 소동이 지나가고 오늘 일기예보를 보니 비 올 확률이 70퍼센트나 된다고 했다. 그러니 조금이라도 빨리 출발하는 게 비를 덜 맞는 방법이라고 해서 서둘러 출발했다. 알베르게를 나와 10분 정도 걸었는데 갑자기 아빠가 걸음을 멈추었다.

"앗, 내 스패츠를 두고 왔네. 성민아, 여기서 잠깐만 기다려. 아빠가 빨리 갔다 올게."

스패츠란 신발과 무릎 사이로 들어오는 비를 막아 주는 것이다. 오늘처럼 비가 올 듯한 날에는 꼭 필요해서 어쩔 수 없었다.

나는 혹시라도 아빠랑 길이 엇갈릴까 봐 따라 가겠다고 했다. 만약 우리가 서로 못 만났다간 어쩌면 난 국제 미아가 돼서 엉엉 울면서 순례길을 걸어가야 할지도 몰랐으니까. 그런 일은 절대 겪고 싶지 않았다.

'이그, 물건 좀 잘 챙기지. 아빠 때문에 오늘 더 많이 걸어야 하잖아. 비도 온다는데.'

속으로 아빠를 원망하고 있는데, 아빠는 많이 걷게 해서 미안하다고 하셨다.

오늘은 주로 차도 옆으로 나란히 있는 길을 따라 걸어갔다. 출발할 때부터 하늘이 우중충했는데 아니나 다를까 빗방울이 조금씩 떨어지기 시작했다.

'아, 드디어 비가 오는구나. 일기예보 잘 맞네.'

처음엔 지금껏 맞아 오던 비와 다를 게 없어서 금방 그치겠

거니 하고 배낭 커버만 씌웠다. 그런데 점점 빗방울이 굵어지고 바람도 강해졌다. 아빠는 곧 그칠 비가 아닌 것 같다며 배낭에서 비옷을 꺼내셨다. 그런데 그동안 걸으면서 비옷을 몇 번 입었다 벗었다 했더니 군데군데 좀 찢어져 있었다. 아빠 비옷은 많이 찢어졌고, 내 비옷은 그나마 나았지만 비가 새어 들어올 것만 같았다. 비옷이야 어찌됐든 아랑곳없이 야속한 비바람은 더욱 거세졌다.

예전에 아빠는 우리가 비를 맞으며 걸으면 기억에도 많이 남고 재미있는 추억이 될 거라며 한번쯤은 그래 보고 싶다고 하신 적이 있다. 오늘이 그날인가 보다.

"성민아, 그런데 괜찮아? 걸을 수 있겠어?"

"그럼요."

"안 춥니?"

"좀 춥긴 한데 괜찮아요."

"그래, 우리 성민이 대단하다! 아빠는 비 맞는 것만 상상했지 이렇게 추울 거라는 생각은 못했거든."

바람이 점점 강해질수록 더 추워진다. 세찬 바람이 불자 찢겨진 비옷 부분이 점점 더 크게 찢겨 나갔고, 그 틈을 빗물이 파고

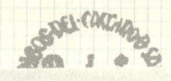

들었다. 걷다가 퍼걸러(pergola)를 발견했다. 퍼걸러는 기둥을 세우고 나무를 가로 세로로 얽어 두어서 덩굴 식물이 타고 올라갈 수 있게 만든 것이다. 거기에서 잠깐 짐을 내려놓고 쉬면서 비옷을 정비했다. 아빠 비옷은 많이 찢어져서 등 쪽은 포기하고, 앞쪽만 가리기로 했다. 배낭의 가슴끈과 허리끈으로 비옷을 꽉 동여맸다. 그나마 내 비옷은 좀 나았지만 별로 다를 것도 없었다. 비가 곧 그칠 것 같으면 잠시 쉬었다 가겠지만 그렇지도 않았고 퍼걸러 지붕도 듬성듬성 뚫려 있어서 비가 계속 들어오니

더 이상 머무를 수가 없었다.

찢어진 비옷 사이로 비가 들어와 아래로 흘러내렸다. 무릎 아랫부분에는 스패츠가 있었지만 이미 바지는 쫄딱 젖었고 신발은 말할 것도 없었다. 신발에 물이 잔뜩 고여 있어서 걸을 때마다 그냥 물웅덩이를 맨발로 걷는 느낌이었다.

'으아~ 춥고 힘들다!'

그래도 나는 아까 아빠한테 괜찮다고 말한 게 있어서 다시 힘들다고 말하기는 싫었다. 그렇게 한참을 걸었다. 옆의 차도로 고급 승용차 한 대가 슈웅 하고 지나갔다.

'저 사람은 좋겠다. 비도 안 맞고.'

거기에 택시도 계속 왔다 갔다 하는 걸 보니 순례자 중에도 비가 와서 그냥 택시를 타고 가는 사람이 있는 것 같았다.

"성민아, 안 되겠다. 오늘은 다음 마을까지만 가자."

아빠가 비 때문에 더 걷는 건 무리라고 생각하셨는지 우리가 목표했던 마을 바로 앞에 있는 만시야 마을까지만 가자고 하셨다.

"네, 좋아요!"

몸이 으슬으슬해질 무렵 만시야에 도착해서 공립 알베르게로 갔다. 너무 추워서 덜덜 떨면서 들어가 신발을 벗었다. 신발

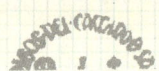

을 뒤집으니 물이 주르르 흘러내렸다. 마침 가스히터가 하나 있어서 불을 쬐다가 따뜻한 물로 씻고, 부엌에서 우유를 끓여 따뜻한 핫초코를 만들어 마시니 그제야 온몸이 따뜻해졌다.

곧 어떤 한국 아저씨도 들어오셨다. 아저씨도 우리처럼 더 가려다가 비가 너무 많이 와서 오늘 일정을 줄이셨다고 했다. 이 아저씨는 우리보다 3일이나 늦게 출발했다고 하셨다. 그런데 이렇게 만났으니 아저씨는 도대체 얼마나 빨리 걸으신 걸까?

알베르게 옆에 있는 슈퍼에서 장을 봐 점심을 먹고 잠시 앉아 있었다. 밥먹는 동안 비가 점점 그치고 햇살이 비치더니 창밖으로 새파란 하늘이 펼쳐졌다. 조금 전만 하더라도 억수같이 쏟아지는 비를 맞으며 걸었는데…… 어쩐지 비를 맞으며 고생한 게 억울하고 심통이 났다.

"아빠, 해가 떴어요."

"그러게. 날씨 참 희한하다. 비가 왔다가 해가 쨍쨍 났다가 정신이 하나도 없네."

남은 시간도 많겠다, 우리는 골목을 뛰어다니면서 마을을 구경했다.

이곳도 예전에 전쟁을 많이 겪었던 곳일까? 아니면 중요한 지역이었을까? 성벽과 성탑의 흔적이 여기저기에 남아 있었다. 성 위로 이어진 계단을 오르는데 움푹 파인 곳도 있고 난간도 녹이 슬어서 조금 위험해 보였다. 성 위는 탁 트여서 마을이 한눈에 들어왔다.

이렇게 보면 멋지지만 혹시나 옛날에 전쟁을 겪었다면 적들이 멀리서 오는 모습이 다 보였을 거다. 새까맣게 몰려오는 적들의 모습을 상상하니, 여기 서 있던 사람들은 엄청 무서웠을

것 같았다.

계단을 조심스럽게 내려와 알베르게로 돌아왔다. 아빠랑 같이 볶음밥을 해서 먹으려는데 알베르게의 오스피탈레라가 내 옆으로 다가와 양손으로 식탁을 탁 치더니 한국어로 말했다.

"안녕? 배고파. 밥 줘."

식탁 치는 소리에 한 번 놀라고, 능숙한 한국어 실력에 또 한 번 놀랐다. 나는 순간 '밥을 줘야 되나? 아니면 그냥 장난치는 건가?' 하고 잠깐 고민에 빠졌다. 그런데 내 고민이 무색하게도 오스피탈레라는 달랑 그 세 마디를 남기고 맛있게 먹으라며 휙 돌아가고 말았다. 그냥 장난이었는데 내가 괜히 진지하게 받아들였나 보다.

볶음밥을 다 먹고 나니 영국 아줌마 두 분과 스페인 아저씨가 나한테 게임을 하자고 제안했다. 설명을 눈치껏 들어 보니 각자 원하는 만큼 와인 코르크 마개를 쥐고, 손에 쥐고 있는 마개의 개수가 몇 개인지 맞히는 게임이었다. 어른들이 이런 게임을 하고 싶어 하지는 않을 텐데, 아마도 나를 재미있게 해 주려고 배려해 주는 것 같았다. 영어로 숫자는 다 알고 있으니 어려울 것도 없었다.

한참을 같이 놀다가 헤어졌는데 한국 아저씨랑 영국 아줌마도 아빠와 내가 걷는 모습이 너무 보기 좋다고 말해 주셨다. 여기저기서 잘 걷는다는 칭찬을 들으니 내가 정말 대단한 일을 하는 것 같아 속으로 우쭐해졌다.

그래도 난 아빠가 좋아

(22일째)

　여기서는 노란 화살표만 따라 걸으면 산티아고까지 가게 되니 길을 헤맬 일이 별로 없다. 그렇지만 가끔 화살표 두 개가 동시에 나오기도 한다. 잘못된 표시가 아니라, 어느 쪽으로 가더라도 산티아고로 가는 건 맞는데 거리나 난이도가 다른 경우다. 바로 오늘, 두 개의 화살표를 만나게 된다.

　처음에야 당연히 그런 일이 생길 줄은 몰랐다. 멋진 돌다리가 있는 예쁜 마을에서 잠깐 쉬면서 과자를 먹고 있는데, 주변에 작은 새들이 날아다녔다. 가까이에서 보고 싶어 과자 부스러기를 던져 꼬였는데 종종거리며 뛰어오는 듯하다가도 획 하니

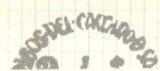

날아가 버렸다. 이렇게 몇 번 반복하면 새들도 내가 해코지하는 사람이 아니라는 걸 알아채야 하는데 여전히 못 믿겠는지 좀처럼 가까이 올 기색이 없었다. 간신히 한 마리가 용감하게 다가왔지만 내가 조금 움직였더니 후다닥 도망가 버렸다.

'왜 새들은 날 안 믿어 주지? 난 너희를 해치지 않는다고~.'

아쉬움과 서운함을 뒤로 하고 길을 나섰다. 얼마 안 가서 바닥을 보니 노란 화살표 두 개가 서로 자기를 믿으라는 듯이 그려져 있었다. 하나는 직진 방향이었고 다른 하나는 오른쪽을 가리키고 있었다.

"성민아, 직진하면 차도 옆으로 가고 오른쪽으로 가면 예쁜 시골길로 가게 돼. 대신에 1킬로미터쯤 더 가야 하는데 그래도 아빠는 차도보다는 이 길로 가고 싶어."

"아빠, 난 그냥 쭉 가고 싶어요."

"직진하면 차도 옆으로 가야 된다니까. 그럼 시끄럽고 풍경도 안 예쁘잖아."

"오른쪽으로 가면 1킬로미터 더 가야 되잖아요."

"1킬로미터라고 해 봤자 겨우 15분 거리인걸. 이쪽으로 가자. 먼저 갔다 온 사람도 차도 쭉 길은 별로였대."

"누가요? 차도로 가도 경치만 좋은데."

힘들어 죽겠는데 경치가 다 무슨 소용인지! 나한테는 조금이라도 덜 걷는 게 중요했지만 아빠한테는 조금 더 걷더라도 좋은 경치를 보는 게 더 중요했나 보다. 아빠는 몇 번 더 설득했지만 나는 끝끝내 돌아가지 않겠다고 버텼다.

"아휴, 이렇게 싸우다간 끝이 없겠다. 그럼 너 혼자 그 길로 가. 아빠는 여기 예쁜 길로 갈 테니까."

아빠는 화난 목소리로 내게 말했다.

그 순간, 순식간에 국제 미아가 돼서 엉엉 울며 이역만리 스페인을 떠도는 내 모습이 그려졌다. 하는 수 없이 나는 아빠의 뒤를 따라가야만 했다.

'아빠는 내가 따라 올 거란 걸 아셨구나!'

어쩔 수 없이 따라가긴 했지만 나도 화가 나서 아빠 가까이로 가지 않고 멀찌감치 거리를 두고 따라갔다. 시야가 훤히 트인 길이라 거리가 멀어도 아빠를 놓칠 일은 없었다. 가다가 작은 마을이 나왔는데 거기에서는 골목길을 지나가야 했다. 노란 화살표야 있었지만 골목에서 아빠를 놓쳤다간 무슨 일이 생길지 몰라서 아빠 몰래 조금씩 속도를 냈다.

'이만큼이나 걸었는데 아빠도 마을 바에서 쉬어 가겠지?'

그런데 아빠는 내 생각을 읽고 일부러 그러는지 바 앞에서 멈추지 않고 그냥 지나쳐 계속 걸어갔다. 쉬었다 가자고 말하고 싶은데 그놈의 자존심이 뭔지 그러고 싶지 않았다. 마을을 벗어날 무렵이 되니 젖소들이 보였고, 고약한 소똥 냄새가 바람을 타고 날아왔다.

'경치가 좋으면 뭐해? 길도 멀고 똥 냄새만 나는데.'

나는 얼굴을 잔뜩 찡그리며 계속 걸었다.

얼마나 더 걸었을까? 앞서 걷던 아빠는 저만큼 떨어진 나무 밑에 있는 벤치에 앉아 나를 기다리고 있었다. 나도 아빠 옆에 앉아 물을 나눠 마시고 초콜릿을 먹었다. 아까는 기분이 나빴는데 한참 걷고 나니 나도 모르게 스르르 마음이 풀렸다. 아까 일에 대해선 아빠도 나도 더 이상 얘기하지 않았다. 우리는 아무 일 없었다는 듯이 서로 보조를 맞추며 나란히 걸었다.

걷다 보니 초록색 포장마차 같은 것이 보였다. 하늘색 옷을 입은 분이 공짜니까 음료수나 마시고 가라고 했다.

"아빠, 이게 뭐예요?"

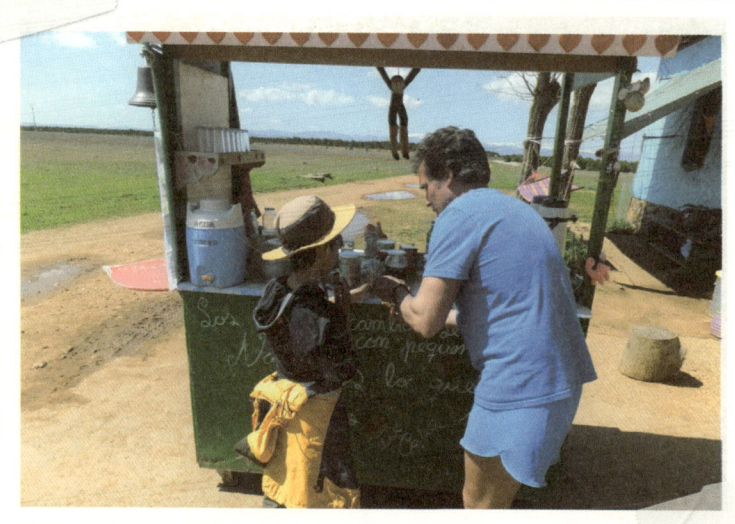

"음료수 마시고 기부하고 가는 데인가 봐."

포장마차 주인아저씨는, 기부하고 가는 사람도 있지만 어쨌든 기본적으로 무료니까 부담 없이 마시라고 했다. 주인아저씨는 원래 바르셀로나에서 살았는데 여기에서 순례자들을 만나고 그들에게 무언가를 해 줄 수 있는 일이 기쁘고 행복해서 하던 일을 관두고 이곳에서 먹고 자고 하면서 4년째 이 일을 하고 있다고 했다.

순례길을 걷다 보면 순례자들을 위해 좋은 일을 하는 분들을

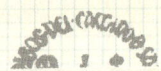

가끔 만나게 된다. 하던 일을 관두고 일정한 수입도 없이 이런 일을 하겠다고 결심하기는 쉽지 않았을 거다. 이 아저씨야말로 많은 것을 포기하고 정말 자기가 좋아하는 일을 하고 있다는 생각이 들었다.

"부엔 까미노!"

아저씨는 늘 미소 지으면서 우리말로 '즐거운 여행이 되길!' 이라는 인사를 건넸다. 그 얼굴에서 행복이 보였다. 시원한 코코아를 마시고 바나나를 먹은 다음에 주인아저씨한테 포옹까지 받았다. 우리는 기쁜 마음을 담아 약간의 돈을 기부함에 넣고 그곳을 떠났다.

얼마 가지 않아 오늘 목적지인 아스트로가가 저 멀리에 보였다. 아스트로가는 조금 큰 마을이라 건물이 꽤 많았다. 마을을 지나가다가 바 앞에서 우리한테 말을 걸어 오는 두 형을 만났다.

"올라! 혹시 한국인이세요?"

"네, 맞아요. 안녕하세요?"

형들도 우리처럼 오늘 아스트로가에 머무를 예정이라고 했다. 그럼 나중에 만나자고 가볍게 인사하고 먼저 걸어가는데 작은 소동이 벌어졌다. 이층집에서 큰 개 한 마리가 주인아줌마

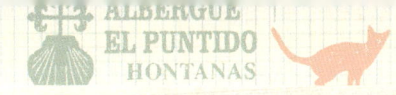
한테 혼나는 것 같더니 쫓기듯이 1층으로 내려와서는 피난처를
찾는지 대문을 넘어 우리에게로 다가왔다.

'설마 설마 설마! 나한테 오진 않겠지?'

어 하는 사이에 이미 그 개는 내 옆으로 와서 내 팔을 짚고 일
어섰다. 난 개 무서워하는데!

"아, 아빠, 어떡해요?"

"겁내지 말고 가만히 있어. 안 물어.
아빠가 쫓아낼게."

개는 이제 내 어깨랑 등을 짚고 일어섰다.
덩치도 커서 내 얼굴과 개의 얼굴이 거의 같은 높이에 있었다.
코앞에서 개 얼굴을 쳐다보니 더 무서웠다. 아빠는 개를 툭툭
건드려 쫓아내려고 했지만 개는 나하고 놀고 싶은지 두 발로 팔
과 등을 긁으면서 떨어지질 않았다.

"난 너 싫어! 저리 가, 저리 가란 말이야!"

2층에서 아줌마가 소리치고 아빠가 개를 밀쳐 내자 드디어
개가 떨어졌다.

"휴우, 너무 놀랐어요!"

"놀랐지? 그래도 도망 안 가고 가만히 있으니까 안 물잖아.

107

개가 너하고 놀고 싶었나 보다."

아빠가 달래 주셔서 놀란 마음이 많이 가라앉았다.

스페인에서는 개를 많이 키운다고 한다. 그래서인지 떠돌이 개가 많고, 덩치 큰 개도 많아서 가끔 개에게 물리거나 개를 피하다가 다치는 경우도 있다고 들었다. 그 말을 들어서일까? 물리지는 않더라도 개들이 따라오거나 앞에서 쳐다보고 있으면 무섭고 신경이 쓰였다.

이런 해프닝을 겪고 아스트로가의 광장에 들어서니 아까 본한국 형들이 곧 뒤따라 왔다. 공립 알베르게가 어디 있느냐고 주변 사람들에게 물어봤는데 신기하게도 세 사람의 말이 다 달랐다. 30분이 넘도록 헤매다가 결국 왔던 길을 조금 돌아가서야 알베르게를 찾았다. 문을 열고 들어서니 반가운 얼굴이 보였다.

"헤이, 성민!"

며칠 전에 아파서 잠시 헤어졌던 클리머였다. 실비아와 크리스티앙도 함께 있었다. 아빠가 반갑다며 클리머를 꽉 끌어안았다. 나도 클리머를 다시 보게 돼서 너무 너무 반가웠다.

이야기를 들어보니, 클리머는 배탈이 낫지 않아서 이틀을 쉬고 출발했고 하루에 35~40킬로미터씩 걸어왔다고 했다. 이곳

까미노에서는 많은 사람들을 만나고 헤어졌다가 다시 만나기를 반복한다더니 그 말이 정말인 것 같았다.

반가운 얼굴도 봤겠다 배가 고파서 밖으로 나왔는데 일요일이라 거의 모든 가게가 문을 닫아 버렸다. 겨우 식당 몇 군데만 문을 열었는데 어딜 갈까 하다가 어제 만난 캐나다의 폴라 아줌마가 피자를 먹고 있는 가게로 갔다. 우리나라에서는 휴일에도 대부분의 가게가 문을 여는데, 스페인 가게들은 일요일이면 거의 다 문을 닫는다. 우리는 불편하지만 반대로 가게 주인이나 거기서 일하는 사람들은 느긋한 주말을 즐길 수 있으니 좋은 것

109

같았다. 우리 아빠도 주말에 좀 더 쉬시면 좋겠는데.

피자를 맛있게 먹고 나서 아빠가 저녁에 스테이크를 구워 먹자고 하셨다. 하지만 정육점은 문을 닫았고, 어떤 상점에서 소고기라며 무언가를 보여 줬다. 색깔이 거무튀튀한 게 이상했지만 소고기는 그것뿐이라고 했다. 아빠는 한참을 고민하다가 구우면 달라질지도 모른다는 한 줄기 희망을 품고 그 고기를 샀다.

어느덧 피자로 꽉 찬 배도 꺼지고 저녁을 먹을 시간이 됐다. 채소를 파는 곳도 없어서 하는 수 없이 아까 산 고기에 소금만 뿌려서 구웠다.

"아빠. 고기 모양이 좀 이상해요."

고기는 구우면 구울수록 먹음직스러워지는 것이라고 생각했는데 오늘 아빠가 구워서 부끄럽게 내놓은 고기는 까맣게 쪼그라들어 있어 정체가 의심스러웠다. 게다가 이미 간이 다 되어 있는 것이었는지 소금을 조금만 뿌렸다는데도 엄청나게 짰다. 같이 먹은 한국 형들의 표정도 밝지 않았다.

"이건 그냥 안주로 먹으면 좋겠는데요?"

형들의 말도 아빠를 위로하는 것 같았다. 아무래도 고기를 잘 못 샀나 보다. 어쩌면 햄이나 소시지를 만드는 고기가 아니었을

까? 두툼한 스테이크는 고사하고 먹어 주기 힘든 고기 요리가 나오자 오늘의 주방장이었던 아빠는 미안해하셨다.

꾸역꾸역 밥과 고기를 먹고 나오는 길에 복도에서 클리머를 만났다. 클리머가 갑자기 나를 안더니 거꾸로 세워 들었다. 역시 내가 좋아하는 친구답다. 나이 차이는 많아도 늘 다정하고 짓궂게 대해 주는 클리머를 다시 만나 너무 기쁘다.

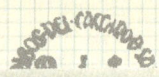

누군가의 간절한 기도

(24일째)

까미노에는 유명한 철십자가가 있다. 거기에 얽힌 독특한 풍습이 있는데, 순례자가 자기 나라에서 가져온 돌이나 사연이 담긴 물건을 두고 기도하며 소망을 비는 것이다. 아빠는 이미 알고 계셨다는데 아무것도 가져오지 않았고, 나는 아빠가 아무 말씀도 하시지 않아서 빈손으로 왔다.

'난 간절히 기도할 만한 것도 없는데. 에이, 모르겠다. 하나님, 우리 가족이 다 행복하게 해 주세요.'

아빠도 고개를 숙여 잠깐 기도만 하셨다. 오늘은 아

침부터 클리머, 실비아, 크리스티앙, 까차 아줌마와 함께 움직였
다. 다들 모여서 사진을 찍는데, 며칠 전부터 같이 걷는 브라질
에서 온 까차 아줌마는 철십자가 아래에서 한참 동안 기도를 올
렸다.

　나무기둥과 그 아래엔 동전 같은 여러 물건이 매달리거나 놓
여 있었다. 사진도 여러 장 보였다. 그 사진들은 대개 사고나 병
때문에 먼저 하늘나라로 떠난 가족을 애도하는 것들이라고 했
다. 왠지 가슴이 뭉클해졌다. 나한테 이곳은 까미노의 유명한 상

징물이고, 사진을 찍는 색다른 장소일 뿐이었다. 하지만 다른 누군가에게는 아픈 사연이 담긴 소중한 장소일 수도 있다고 생각하니 아까 웃으며 사진 찍은 게 조금 미안해졌다. 혹시 까차 아줌마에게도 이런 사연이 있었던 것은 아닐까?

철십자가에서 내려오고 나서 가까운 곳에서 동전 하나를 주웠다.

"아빠, 이것 보세요! 캐나다 동전이에요."

"성민아, 그건 그냥 두고 오는 게 좋을 것 같은데?"

"왜요? 가지고 있다가 다음에 써도 되잖아요?"

"누가 떨어뜨리고 갔을 수도 있지만, 어떤 사람이 그 동전에 간절한 소원을 담아서 두고 간 걸 수도 있잖아."

"이건 철십자가 밑에 있던 게 아닌데요."

"바람에 밀려서 여기까지 굴러 왔을 수도 있지."

나는 한참을 망설이다가 다시 동전을 내려놓았다.

"잘했어. 아빠는 성민이가 다른 사람의 간절한 소원을 지켜 줬다고 생각해."

길을 걸으며 만하린이라는 정말 정말 작은 마을을 지나쳤다. 실비아 이야기로는 그 마을에 집이 몇 채 있지만 진짜 사는 사람은 한 명밖에 없다고 했다. 그 한 명인 것 같은 아줌마와 실비아가 이야기를 나누고 있었다. 개 한 마리도 돌아다녔다. 아줌마랑 같이 사는 친구인가 보다.

'아무도 없는 이런 산 위에서 혼자 살면 무섭고 심심할 텐데. 저 아줌마는 하루 종일 뭐하고 지낼까?'

조금 떨어진 곳에 가게가 하나 있었다. 여러 나라의 국기가 걸려 있었고, 반가운 우리 태극기도 있었다. 갑옷과 투구를 쓴 나무 조각도 보였는데 아마도 옛날 이곳에도 전쟁이 많았음을 보여 주는 것 같았다.

그 옆에는 나무 이정표에 세계 주요 지역까지 얼마나 떨어져 있는지 그 거리가 새겨져 있었다. 그중에서도 '산티아고까지 222킬로미터'라는 글씨가 가장 눈에 잘 들어왔다.

800킬로미터 중에서 222킬로미터가 남았다면 벌써 580킬로미터나 걸어왔다는 뜻이다. 정말 많이도 걸었다. 이제 지금까지 걸어온 거리보다 앞으로 남은 거리를 계산하는 게 더 쉽다. 그 생각을 하니 기분이 좋아졌다.

외국, 특히 유럽이나 미국에서 온 사람들은 다리가 길어서인지 대체로 걸음이 빨랐다. 아침부터 함께한 클리머도 먼저 앞서 가다가 거리가 많이 벌어지면 어디에선가 자리를 잡고 우리를 기다리면서 책을 읽고 있었다. 산티아고 가이드북이 아닌 일반 책이었다.

걷는 동안에도 짬을 내서 책을 읽는 모습이 낯설기도 했고, 저렇게 잠깐 책을 읽는데 머리에 들어올까 하는 생각도 들었다.

"성민아, 시간 날 때 스마트폰이나 게임기 들고 오락하는 것

보다 클리머처럼 책 읽는 게 훨씬 보기 좋지 않니?"

"그렇긴 해요."

아빠는 학교 공부하는 것도 중요하지만 그것보다 책을 많이 읽으면 더 좋겠다고 늘 말씀하셨다. 죽은 지식보다는 책과 경험을 통해 살아 있는 지혜를 많이 쌓아야 한다는 것이 아빠의 생각이었다. 나도 그 영향을 받아서 학교에서 독서 관련 상장을 받을 만큼 책을 많이 읽는 편이지만 클리머처럼 시간 날 때마다 책 읽는 모습은 조금 낯설었다. 책이 그렇게 재밌나?

이런 저런 생각을 하면서 까미노에서 가장 높은 1,505미터 지점을 지나니 가파른 내리막길이 나왔다. 산 높은 곳에서 아래를 바라보면 성취감 같은 게 느껴진다. 산 정상에 오르기 위해 땀을 흘린 사람만이 그 기분을 알 수 있다고 했는데, 바로 이런 기분인가 싶었다.

내리막길은 거의 자갈밭이었다. 발 한 번 잘못 디디면 그대로 쫘아아악 슬라이딩을 할 것만 같았다.

"성민아, 한 손엔 스틱 잡고 다른 한 손은 아빠 잡아. 천천히 내려가자."

아빠 손을 잡고 조심조심 거북이처럼 내려오니 햇살은 좋고

바람은 시원했다. 바에 들러 시원한 오렌지 주스를 마셨다. 무려 1,505미터나 올라와 놓고 겨우 오렌지 주스나 마셨다고 생각하면 오산! 스페인의 오렌지 주스는 직접 눈앞에서 오렌지를 통째로 기계에 넣고 갈아 주는 것이다. 새콤달콤하고 시원한 오렌지 100퍼센트 주스 가격은 겨우 2,000~3,000원 정도. 아빠는 한국에 비하면 많이 싼 편이라고 하셨다. 바 옆에 야외로 나오니 해변에 죽 늘어서 있는 비치 의자처럼 눕는 의자들이 놓여 있었다. 아빠, 클리머와 함께 나란히 누워 따뜻한 햇살을 즐겼다.

'아, 행복해~!'

어른들이 행복은 작은 것에서부터 온다고들 하시는데, 시원한 오렌지 주스 한 잔으로 정말 그렇게 느껴졌다.

걸으면서 실비아와 동물 이야기를 했다. 나는 양을 설명하는데 실비아는 자꾸 펭귄, 고양이라며 엉뚱한 답을 말했다. 나중에 알고 보니 실비아는 다 알면서 괜히 시치미 뗀 거였다. 그래도 가끔 실비아한테서 엄마나 누나처럼 따뜻한 느낌을 받았다.

내리막길을 거의 다 내려가니 멋진 계곡이 나타났다. 주변 잔디에서 사람들이 일광욕을 하고 있었는데 아름다운 그림 같았다. 자세히 보니 높이가 아파트 4층 정도 되는 다리 난간에 크리스티앙이 앉아 있었다. 나도 쪼르르 따라 앉았더니 크리스티앙, 클리머, 아빠 모두 난리가 났다.

"성민아 위험해~! 빨리 내려와!"

그냥 가만히 앉아 있는 건데 왜 그러시나 몰라.

아무튼 나는 점점 더워지기도 하고 아빠가 걱정하시는 게 싫어서 물장구나 치려고 계곡 쪽으로 내려갔다. 클리머가 큰 돌멩이를 던져 우리한테 물을 튀기려다 자기 옷만 다 젖었다. 그러

더니 앉아 있는 실비아에게 손으로 물을 퍼서 뿌려 버렸다. 실
비아가 일어나서 도망가려고 했다.

'이런 재미있는 장난을 그만둘 수야 없지!'

나는 실비아의 발을 붙잡았다. 실비아도 나도 물벼락을 몇 번
이나 맞았다. 이렇게 장난 치고 놀 때만큼은 나이도, 성별도, 국
적도 하나 중요하지 않았다. 나는 맘껏 물을 튀기며 놀았다. 날
도 덥고 먼 길 걸어와서 피곤했지만 시원한 물벼락을 맞으니 머
리가 상쾌해졌다. 역시, 더운 날에는 이런 물장난이 최고다.

알베르게에 도착한 다음, 맑은 햇살 아래에서 크리스티앙이 웃옷을 벗고 일광욕을 하고 있었다. 내가 옆에 있다가 크리스티앙의 배에 올라가서 장난을 쳤다. 크리스티앙은 힘들었을 텐데 모른 척 그대로 누워 일광욕을 계속 했다. 햇살도 따갑던데 내가 앉은 자리만 빼고 까맣게 타는 건 아닌지 모르겠다.

아스트로가에서 만난 한국 형도 이 알베르게에 와 있었다.

"야, 성민아. 여기서 또 만났네?"

"형, 잘 지냈어요?"

"그럼. 근데 성민아. 내가 저번에 엄청 코 고는 사람 있다고 했잖아. 그 사람도 여기 왔다!"

"헉, 정말요? 그때 그 방에서 자던 사람들이 거의 다 밖으로 나올 정도라고 했잖아요?"

나는 혹시 그 사람이 우리 방이면 어떡하나 걱정했다. 피곤하니 잠을 자야 하는데 자던 사람들이 깨서 바깥으로 피신할 정도라면 도대체 얼마나 시끄럽다는 걸까?

"저기, 저 아저씨야."

"정말요? 다행이다! 우리 방은 아니네요!"

그렇지만 나는 그날 푹 잘 수가 없었다. 겨우 넷이서 같은 방

을 썼는데 누가 안 씻었는지 고릿한 땀 냄새가 나서 코가 썩어 들어가는 것 같았다.

'이럴 거면 차라리 코 고는 아저씨 옆에서 자는 게 낫겠어. 옆 침대에 있는 스페인 사람 아니면 호주 사람 둘 중 하난데 대체 누구야?'

이젠 냄새가 나는 걸 넘어서 숨이 턱턱 막혔다. 좀 추웠지만 어쩔 수 없이 창문이며 방문을 살짝 열어 놓은 채 다시 누웠다. 코가 좀 살 것 같으니 이번에는 귀가 문제였다. 복도를 타고 전해지는 코골이 아저씨의 우렁찬 소음이 방마다 들어와 순례자들의 귀를 괴롭혔다. 내 옆 침대에 누워 있던 스페인 아저씨랑 호주 아저씨도 킥킥 대며 웃고 있었다. 이미 소문이 다 퍼졌나 보다.

'큰일 났다. 문을 닫을 수도 없고 열어 둘 수도 없어~.'

그렇게 괴로운 밤이 지나갔다.

이글대는 태양,
지쳐가는 나

(25일째)

스페인의 햇볕은 아침부터 강렬하게 내리쬐었다. 그 빛을 받아 길가에 피어 있는 꽃들은 더욱 화사해 보였고 집 창가에 나와 있는 화분의 꽃도 예쁘게 반짝였다. 그런데 작은 마을에 있는 포도밭을 지나가는데 작은 포도나무에 가지만 달랑 있고 잎은 하나도 없었다.

"아빠, 있잖아요, 스페인은 세계 3대 와인 생산국이라고 하지 않았어요?"

"응, 그런데?"

"벌써 5월이 다 됐는데 포도나무에 이파리 하나 없네요. 와인 담그려면 뭐라도 열려야 하는 거 아니에요?"

"그러게. 아빠도 저 나무들이 살아 있는지 계속 궁금했어."

맛있는 와인을 만들려면 맛있는 포도가 주렁주렁 열려야 할 텐데, 지금은 포도는 고사하고 이파리 하나 없으니 도대체 뭘로 와인을 담그려는 것인지 알 수가 없었다.

포도 한 알 못 먹고 포도밭을 지나가는데 날은 점점 더 더워졌다. 도시처럼 가로수가 있는 것도 아니고 그냥 양쪽 포도밭 사이로 난 길을 걸어가는 것이라 그늘도 없어 햇볕을 온몸으로 고스란히 받아야 한다. 그러다 보니 몸은 서서히 달아올랐고 발걸음도 무거워졌다. 흐리고 비 오는 날에는 작은 페트병에 담긴 물을 아빠와 나눠 마시고도 남았는데, 요 며칠 사이엔 마시는 양이 부쩍 늘었다. 지나가다가 수돗가만 보이면 미지근해진 물을 버리고 시원한 물을 채우느라 바빴다.

우리와 앞서거니 뒤서거니 하는 스페인 부부도 작은 그늘이라도 있으면 바로바로 쉬어 갔다. 그러다가 우리가 지나가면 괜찮으냐고 물으며 엄지손가락을 내 보였다. 평소에는 이렇게 격려받을 때마다 기운이 나는데, 오늘은 너무 너무 힘들어서 그런 기분을 느낄 여유도 없었다.

날이 너무 더워서 다들 어디선가 쉬고 있는 걸까? 오늘은 그 스페인 부부 말고 다른 사람들을 못 봤다. 다니는 사람이 없으니 더 지루하고 힘들었다. 우리가 터벅터벅 걷는 발자국 소리만 들리고, 걸을 때마다 흙먼지만 올라왔다.

'에이 심심해. 클리머라도 옆에 있으면 좀 나을 텐데.'

아빠는 덥다는 소리도, 힘들다는 불평도 없이 걸으면서 사진을 찍고 있었다. 이럴 때 보면 아빠도 참 대단하다.

어느덧 12시가 넘어 해가 하늘 꼭대기로 올라가자 이글대는 태양 때문에 땀이 목에서부터 등을 타고 흘러내렸고 입 안은 쩍쩍 갈라졌다. 수시로 물을 마셔도 여전히 목이 말랐고 예전에는 별로 안 무거웠던 배낭도 두세 배는 더 무거워진 느낌이었다.

"아빠, 얼마나 더 가야 돼요?"

"아직 많이 남았는데."

"더워서 너무 힘들어요."

"그래, 날씨가 너무 덥다. 힘들지? 그래도 힘내서 걷자."

그런데 눈앞을 보니 힘이 쭉 빠졌다.

'헉, 내가 싫어하는 오르막길이다!'

안 그래도 오르막길이 싫은데 이렇게 덥고 지쳐 있을 때 나오니 그냥 싫은 걸 넘어서 너무 너무 싫었다. 어찌어찌 오르다가 난 그냥 멈춰 버렸다. 그리고는 스틱에 기대서 허리를 숙이고 잠깐 쉬기로 했다. 마음 같아서는 바닥에 철퍼덕 주저앉고 싶었지만, 앉을 만한 곳이 없었다.

"성민아, 힘들어도 앉지 마. 앉았다가 다시 일어나서 가려면

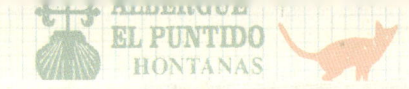

더 힘들 거야. 나중에 그늘이 나오면 쉬고 지금은 그냥 서서 쉬는
게 좋겠다."

나는 아빠의 말에 대답할 기운도 없었다.

지금껏 걸었던 길 중에 오늘이 가장 힘들었다. 지난번에 빗속
을 걸을 때도 이렇게 힘들지는 않았는데, 오늘은 정말 견딜 수
없을 만큼 힘들었다.

'너무 덥다. 주저앉을 것 같아. 아무 곳이나 제일 먼저 나오는
알베르게에 그냥 들어가면 좋겠어. 오늘 같은 날은 더 이상 걷
기도 싫어.'

나는 말할 기운도 없었다.

여기 오기 전에 아빠랑 약속한 게 있었다. 귀한 시간과 돈을
들여 떠나는 여행이니 걷다가 힘들 때 쉬었다 가더라도 "더 이
상 못가겠다. 집에 돌아가고 싶다." 이런 말을 하지 않겠다는 약
속이었다. 아직까지는 별로 힘들지 않아서 이런 생각을 한 적도
없었는데 오늘은 집에 가고 싶다는 생각이 머릿속에서 빙글빙
글 맴돌았다.

하지만 참고 걸어야 한다. 그래서 두 발로 산티아고 성당까지
걸어 갈 것이다.

이런 다짐을 되풀이하면서 발을 내딛었다. 아빠가 내 배낭을 들어 주면 좋겠다는 생각도 들었지만 아빠도 힘들 것 같아 말하지는 않았다.

다행히 오르막이 끝나고 평지를 걸어가니 그래도 좀 나았다. 하지만 여전히 그늘이 없어서 계속 더웠다. 조금 더 가다가 작은 바위 위에 걸터앉아 쉬기로 했다. 나는 초콜릿이나 먹으려고 배낭을 뒤적거렸다.

"아빠! 초콜릿이 다 녹았어요~!"

"이야, 아직 4월인데 이 정도야? 한여름에는 정말 덥겠다."

"이 나라에 낮잠 시간이 왜 있나 했는데 이제 알겠어요. 그 사람들이 게으른 것도 아니고 여유가 넘쳐서 그런 것도 아니네요. 이렇게 더우면 낮에 안 잘 수가 없겠어요."

"그러게. 한여름에는 얼마나 더울지 상상이 안 되는데?"

짧은 휴식을 마치고 다시 길을 걸으면서 나는 아까랑 똑같은 질문을 던졌다.

"아빠, 이제 얼마나 더 가야 돼요?"

"이제 한 시간 정도만 더 가면 될 거야."

길가에 예쁜 흰 꽃과 노란 유채꽃이 활짝 피어 있었지만 아무

느낌도 없었다. 오로지 내 머릿속엔 빨리 도착했으면 하는 생각으로 가득했다. 그렇지만 마을은 그렇게 호락호락하게 나타나지 않았다.

"지금쯤이면 나와야 되눈데……."

아빠가 지도와 시계를 보며 도착할 때가 되었다고 하셨지만 마을은 코빼기도 보이지 않았다. 조금 더 걸어가서야 저 멀리 마을이 눈에 들어왔다. 반가운 마음에 힘을 내 걸어갔는데 우리 목적지가 아니었다.

"아빠, 여기에 알베르게가 있으면 그냥 여기서 자요. 이제 다리에 힘도 안 들어가요."

"근데 여기엔 아무 것도 없어. 알베르게도 없고 바도 없어서 자고 갈 수는 없겠다. 조금만 쉬었다가 다음 마을로 가자."

아쉬웠지만 그래도 멀지 않은 곳에 우리 목적지가 있다는 사실에 배시시 웃음이 나왔다. 30분쯤 더 걸어가니 알베르게를 가리키는 화살표가 보였다. 우리는 〈1박 2일〉의 강호동 아저씨처럼 "드디어 도착을 했습니다!" 하면서 알베르게 입구로 달려 들어갔다. 아니 그런데!

"아빠, 알베르게가 공사 중이네요? 그럼 못 쓰는 거예요?"

"아무래도 그런가 봐. 그래도 마을에 다 왔으니까 알베르게가 가까이 있을 거야. 조금만 더 가자."

아빠 말씀대로 정말 100미터도 안 되는 곳에 또 다른 알베르게가 있었다. 신기하게도 우리나라 한옥과 비슷한 분위기였다. 시원한 주스를 마시고 나서 등록하려는데 클리머가 알베르게 안에서 나왔다.

"헤이, 성민!"

하루 종일 지겹고 힘들게 걷고 난 다음이라 더 반가웠다.

클리머가 말하기를 이 마을에 계곡이 있단다. 그 좋은 기회를 놓칠 수가 없어서 아빠와 함께 마을 구경을 나왔다. 배낭 없이 놀러가는 발걸음은 가뿐하기만 했다.

"아빠, 계곡에 발을 담가 보세요. 시원한 게 아니라 아주 차가 워요."

"그러게. 물속을 걸으니까 머릿속까지 짜릿짜릿하다. 성민아, 아직도 덥니?"

"아뇨, 이제 하나도 안 더워요!"

131

계곡에서 놀다가 알베르게로 오는 길에 할아버지들이 테니스공만한 쇠공을 던지는 경기를 하는 걸 봤다. 처음에는 어떻게 하는지 몰랐는데, 계속 보니 규칙을 알 수 있었다. 목표로 하는 작은 빨간 공을 아무데나 던져 놓고 빨간 공 가까이에 공을 던진다. 상대팀은 공을 더 가까이 던지기도 하고 가까이 있는 공을 쳐내기도 해서 마지막에 빨간 공 가장 가까이에 자기 공을 놓은 쪽이 이기는 것이었다.

"아빠, 나도 해 보고 싶어요."

"근데 말이 안 통하잖아."

"그래도 해 보면 안 돼요?"

"할아버지들이 그냥 놀이로 하는지 내기하는 건지 몰라서 끼어들기가 좀 그러네. 그냥 빤히 쳐다봐. 그러면 끼워 줄지도 모르잖니."

하지만 내 눈빛 공격은 먹혀들지 않았다. 30분 동안이나 눈을 부릅뜨고 쳐다봤지만 아무도 우리에게 말을 걸지 않았다. 결국 저녁 시간이 다 돼서 알베르게로 터덜터덜 돌아와야 했다.

알베르게에 오니 클리머가 호주에서 온 세바스찬에게 아이패드로 뭔가 들려주고 있었다. 무슨 소리인가 했더니, 그 코골이 아저씨가 우렁찬 존재감을 뽐내며 주무시는 소리였다.

"어제 난 한숨도 못 잤어. 이건 사람의 소리가 아니라 가계가 내는 소리야, 가계!"

정말 이 아저씨는 인간의 범위를 아득히 벗어난 코골이 기계가 아닐까? 우리는 키득키득 웃었다. 어제 클리머가 그 코골이 아저씨와 한 방을 쓰다가 신기해서 녹음까지 한 모양이었다. 그러고 보니 어제 클리머가 썼던 방은 처음에 우리가 방을 옮기기 전에 안내를 받았던 방인데, 하마터면 우리가 코골이 아저씨랑 같은 방을 쓸 뻔했다. 어쩌면 우리 대신 클리머가 그 방을 안내받고 희생양이 된 것인지도 모르겠다.

이윽고 저녁 8시가 되어 식사시간을 알리는 종이 울렸다. 원래 이 알베르게는 7유로인데, 나는 반값에 해 주고 저녁까지 공짜로 준다고 해서 선물을 받은 기분이 들었다. 식사를 신청한 20명 정도 되는 사람들이 두근거리는 마음으로 식탁에 둘러앉았다. 빵과 수프, 와인이 나오고 계란 프라이와 소시지가 나왔다. 맛있게 먹고 메인 메뉴를 기다리고 있는데 어째 한참을 기

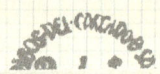

다려도 소식이 없었다.

"아빠, 이 계란 프라이랑 소시지가 메인 메뉴는 아니겠죠?"

"아니겠지. 좀 더 기다려 보자."

시간이 점점 흐르면서 쑥덕거리는 소리가 여기저기서 나오더니 결국 디저트로나 나올 법한 요거트가 등장했다.

"정말 이걸로 끝인가 봐요."

아빠를 비롯해서 순례자들의 얼굴에는 '황당'이라는 글자가 크게 쓰여 있었다. 어떤 사람은 아까 가져간 수프를 다시 달라고 해서 빵하고 먹기도 했다. 나는 아까 마트에서 산 바나나와 초콜릿 찍어먹는 요거트를 더 먹었다. 나야 어차피 공짜라서 감사히 먹었지만 다른 사람들은 많이 실망한 것 같았다. 하긴, 그 힘든 길을 걸어 와서 돈 내고 사 먹는데 계란 프라이나 소시지 몇 조각으로는 부족해도 많이 부족할 것이다.

오늘 하루는 정말 힘들었지만 그 수고 덕분에 더 즐겁게 쉴 수 있었다. 그래도 내일은 좀 덜 더웠으면 좋겠다. 제발.

날 꼬드기지마세요

(26일째)

날씨가 맑으면 비 오는 날보다 걷기는 좋다. 비옷을 입지 않아도 되고, 신발도 안 젖으니 사뿐하게 걷기만 하면 되니까. 그렇지만 한낮이 되면 타오르는 태양과 만나야 한다. 그래서 요며칠 동안 차라리 비가 왔으면 좋겠다는 생각이 들기도 했다.

며칠 동안 내리쬐는 햇볕을 받으며 걸었더니 손과 얼굴이 점점 까매졌다. 반팔을 입은 순례자들의 팔을 보면 재미있게도 왼쪽 팔만 까맣게 타 있다. 그 사람들이 서쪽으로 가고 있기 때문이다. 걷는 동안 해는 남쪽인 왼쪽에만 떠 있어서 왼쪽 팔은 까매지고, 몸에 가린 오른쪽 팔은 타지 않는 것이다. 학교에서 해가 뜨고 지는 방향을 공부할 때는 자꾸만 헷갈렸는데, 여기에서 직접 보니 한눈에 알 수 있었다.

"성민아, 오늘은 31킬로미터를 걸어 오세브레이로까지 가든지 아니면 26킬로미터를 걸어 그 앞에 있는 마을까지 갈 거야."

"어제 너무 힘들었어요. 오늘은 26킬로미터만 가면 안 돼요?"

그런데 아빠가 곁에 있던 클리머한테도 알려주셨는지 우리 대화에 클리머도 끼어들었다. 자기가 가지고 있는 책에는 오세브레이로까지 29킬로미터밖에 안 된다면서 거기까지 같이 가자고 했다.

"성민, 29킬로미터 걸어 보자."

"난 26킬로미터까지만 갈래요."

"성민, 할 수 있어!"

"클리머, 오늘은 26킬로미터만 걷고 싶어요~!"

나는 클리머랑 같이 가는 건 좋았지만 오늘도 많이 걷기는 싫었다.

'오늘은 26킬로미터만 걸을 거야. 26킬로미터도 먼데.'

그렇게 결심 아닌 결심을 하면서 알베르게를 나오다가 한국에서 온 아줌마를 만났다.

"안녕? 아빠랑 걷고 있는 초등학생이 있다고 하던데 그게 너구나."

비가 많이 오던 날, 어떤 한국 아저씨도 이런 이야기를 하셨는데 우리가 까미노에서 좀 유명해졌나 보다. 아줌마는 아침 일찍 전 마을에서 출발해서 지나는 길이라고 하면서 반갑게 인사해 주셨다. 우리는 다 같이 걸어가기로 했다.

눈앞에 세 갈래 길이 나왔다. 하나는 그냥 차도를 따라가는 평지, 다른 하나는 산으로 가는 길, 또 하나는 산 세 개를 타고 가는 길이라고 했다. 나는 당연히 평지인 차도 옆으로 가고 싶었지만 클리머, 한국 아줌마, 까차 아줌마, 아빠 모두 산 하나를 타는 길이 좋다고 했다. 모두가 그쪽으로 가겠다고 하니 나도 어쩔 수 없이 따라가야 했다.

'오늘도 고생길 시작이구나~! 왜 다들 쉬운 길로 안 가려고 하지?'

앞서 몇 걸음 가던 클리머가 아빠에게 뭐라고 말을 건넸다.

"아빠, 뭐래요?"

"오르겠는데."

138

나중에 알고 보니 클리머가 한 말은 벽에 누가 '이 길 엄청 힘들어요.'라고 적어 두었다는 것이었다. 아빠는 다 알아들었지만 내가 또 그 길로 안 가겠다고 할까 봐 모르는 척 넘어가셨고 덕분에 나는 아무 것도 모른 채 그 험난한 산길을 넘어갈 운명에 처한 것이다. 아, 미리미리 영어 공부 좀 해 둘걸.

브라질에서 온 까차 아줌마는 그 나라에서 쓰는 포르투갈어만 하고 영어를 전혀 못했다. 다행히 프랑스에서 온 클리머가 그나마 포르투갈어와 비슷하다는 스페인어를 조금 할 줄 알았다. 그래서 클리머가 까차 아줌마랑 포르투갈어와 스페인어로 이야기하고 영어로 아빠에게 전달해 주면, 아빠는 나에게 한국어로 번역해 주는 식으로 대화를 이어갔다.

조금 답답했지만 그래도 재미있었다. 이런 게 세계 여러 나라에서 온 사람들과 더불어 지내는 즐거움이다.

이렇게 우리 다섯은 어렵고 긴 이야기를 나누며 함께 걸었다. 클리머가 나뭇가지를 들고 나한테 장난쳤고, 나는 내 머리 크기 반만한 솔방울을 가지고 놀면서 걸어갔다. 앞을 보니 일흔 살은 더 돼 보이는 호호백발 할머니가 작은 가방을 메고 걸어가셨다. 저렇게 나이가 많으신데도 이 길을 걸어가시는 모습을 보니 존

경스럽기까지 했다.

함께 쉬었다가 다시 걸어가는데 문득 아빠가 나한테 물으셨다.

"성민아, 성민아! 너 스틱 어디다가 뒀니?"

"아까 아빠 주지 않았어요?"

"아니, 네거는 네가 가지고 있었잖아."

"아까 쉴 때 거기에 두고 그냥 왔나 봐요. 어떡하죠?"

"돌아갔다 오는 데 한 시간은 걸릴 텐데……. 갔다 오기 힘드니까 아깝지만 그냥 가자."

이렇게 해서 내 스틱은 함께 한국으로 돌아오지 못하고 영원히 스페인에 남게 되었다. 누군가 필요한 사람에게 도움이 됐으면 좋으련만. 지금 그 스틱은 어디에 있을까?

오늘은 새로운 까미노 친구인 한국인 아줌마를 만나서 간만에 이런 저런 수다를 떨 수 있었다. 아줌마는 날 귀찮아하기는 커녕 오히려 즐겁게 받아 주셨다. 아줌마는 주로 혼자 걸었는데 내가 재잘거리는 소리를 들으니 좋다고 하셨다. 나는 마음껏 이야기할 상대가 생겨서 좋았고, 아빠는 오랜만에 혼자만의 시간을 가지며 조용히 걸을 수 있어서 좋았다고 했다. 아줌마 덕분에 이래저래 서로 즐거운 하루가 되었다.

"성민아, 아줌마는 오늘 오세브레이로까지 갈 거야. 성민이도 같이 갈래?"

"거긴 너무 먼데. 오늘은 26킬로미터만 걸을 거예요."

"아줌마가 며칠 전에 닭백숙해서 완전 맛있게 먹었어. 오늘 성민이가 같이 가면 맛있는 요리를 해 줄게. 어때?"

맛있는 요리라니 생각만 해도 침이 꼴깍 넘어갔다. 어떡하지? 클리머도 아빠도 오세브레이로까지 가자고 하는데 그냥 참고 걸어 볼까?

'그래, 간만에 맛있는 밥을 먹을 수 있는 기횐데 일단 26킬로미터 걸어 보고, 갈 수 있으면 오세브레이로까지 가자!'

이렇게 마음을 먹으니 오히려 발걸음이 더 가뿐해졌다. 게다가 가는 길에 동물 친구들이 많아서 더 흥이 났다. 소들이 한가롭게 풀을 뜯고 있는 모습과 새끼 양들이 엄마 양과 함께 있는 모습을 보니 정겨웠다. 아빠도 풍경이 마음에 들었는지 미소를 지으면서 바라보셨다. 특히 소한테서 눈을 떼지 못했다.

141

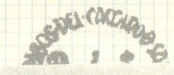

"성민아, 저 소들 좀 봐. 아빠는 갑자기 스테이크가 먹고 싶어지네. 지난번에 스테이크를 제대로 못 먹어서 그런지 이 푸른 초원에서 마음껏 풀을 뜯어먹는 소들이 더 맛있어 보여."

아빠는 이렇게 말씀하시면서 입맛을 다셨다. 왠지 소들이 조금 불쌍해졌지만 아빠도 허기져서 그런가 보다 하고 넘어갔다.

아줌마와 이야기하면서 왔더니 생각보다 쉽게 26킬로미터를 걸을 수 있었다. 클리머와 아줌마는 먼저 오세브레이로를 향해 갔고, 아빠와 나는 바에 들어가서 음료수를 마시며 쉬기로 했다. 어쨌거나 1차 목표인 26킬로미터는 걸었으니까!

"이제 조금만 더 걸으면 갈리시아 주로 넘어가겠네. 성민아, 어떡할래?"

"조금만 더 가면 돼요?"

"응."

"그럼 조금 더 걸을게요."

바를 나와 완만한 오르막길을 올랐다. 멀리 보이는 저 산만 넘으면 바로 도착할 것 같았다. 그런데 20분쯤 걸었을까? 아빠가 나한테 물었다.

"성민아, 모자 어디 있니?"

머리에 손을 얹고 목 뒤를 만져 보니 모자가 없었다. 이거 아까랑 비슷한 상황인데?

"떨어졌나? 아까 아빠 주지 않았어요?"

"또 그런다. 주긴 뭘 줘? 바에 놓고 온 거 아니야?"

"그런가 봐요. 아빠, 모자는 있어야 되니까 가지러 가요."

"그래, 그러자."

아빠의 대답에는 어딘지 힘이 없었다.

아까는 스틱을 잃어버렸는데, 모자까지 잃어버릴까 봐 마음이 급해져서 뛰다시피 내려왔다.

"성민아, 넘어진다. 천천히 가. 바에 있을 거야."

다행히 바에 모자가 그대로 있었다.

"아빠, 다행이죠?"

"그래, 앞으로 어디 갈 때는 주변을 둘러보렴. 그게 몸에 배면 잃어버리지 않을 거야."

아빠는 더 이상 잔소리를 하지 않았다. 왜냐하면 아빠도 예전에 스패츠 때문에 길을 되짚어 간 적이 있고, 내 양말이며 샤워 타월까지 잃어버린 적이 있으니 말이다. 이럴 때 보면 우린 정말 꼭 닮았다.

아까는 모자가 말썽이더니 이제는 날씨가 심술을 부렸다. 조금 전까지는 산꼭대기가 맑았는데 어느 새 검은 먹구름이 깔려 있었다. 갈리시아 주는 비가 많이 오고 날씨도 변덕스럽다는데 정말 그런 모양이었다. 온몸을 감싸는 안개인지 구름인지 모를 무언가를 헤치며 오세브레이로에 도착했다.

"와, 여기는 지금까지 본 스페인하고 다른 분위기네요."

"날씨가 흐려서 그런지는 몰라도 창 들고 말 탄 기사들이 나올 것 같아."

바닥에 평평한 돌들이 깔려 있고, 그 위로 회색 돌로 만든 집

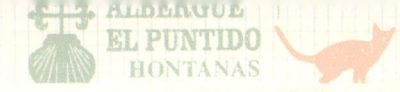

들이 여기저기 자리 잡고 있었다. 건물 앞에 나와 있는 사람들의 표정은 딱딱하게 굳어 있었고 골목 사이로는 안개가 흘러 다녔다.

우리는 주변을 두리번거리면서 마을 끝자락에 있는 알베르게에 들어왔다. 씻고 나서 한국 아줌마가 해 주신다는 맛있는 요리를 기다렸다. 그런데 어째 조용해도 너무 조용한 것이 영 불안했다. 그때 클리머가 와서 청천벽력 같은 이야기를 꺼냈고 아빠가 전달해 주셨다.

san saturniño
VENTOSA-La Rioja

"성민아, 클리머 말에 따르면 여기에 슈퍼 하나가 있었는데 지금은 없어져서 재료를 살 곳이 없대. 그리고 알베르게에도 주방은 있는데 요리 기구가 거의 없다고 하네. 젓가락은 없고 숟가락만 달랑 하나 있다니 오늘은 식당에서 사 먹어야겠다."

"그럼 맛있는 요리는요? 아무것도 못 먹는 거예요?"

맛있는 한국 음식을 생각하며 죽을 둥 살 둥 여기까지 걸어왔는데 한바탕 크게 속은 느낌이었다.

나중에 알고 보니 사람들이 밖에서 밥을 사 먹게 하기 위해서 주방 도구를 없앴다고 한다. 그래야 마을 사람들에게 수입이 생긴다나? 그 뜻에는 고개가 끄덕여졌지만 그래도 하루를 빛내 줄 맛있는 한국 음식이 하늘로 사라진 것 같아서 슬펐다.

식당에서 저녁을 먹는데 하루 종일 맑던 날씨는 어디로 갔는지 안개인지 구름인지 모를 희뿌연 것이 마을을 뒤덮었다. 바람도 점점 거세져서 작은 나무들이 휘청거렸다. 이제 악당들이 나타나거나 전신 갑옷을 갖춰 입은 기사만 등장하면 영화라도 한 편 찍을 수 있을 것 같았다.

이제 남은 거리는
100킬로미터

(29일째)

아빠는 전부터 새벽에 별을 보고 싶다고 하셨다. 그래서 오늘 새벽에 일찍 일어나 바깥으로 나갔는데 안개가 자욱해서 그냥 들어왔다고 하셨다. 별은 아빠의 소원을 들어주고 싶지 않은 걸까? 아니면 나중에 더 좋은 날에 그 소원을 들어주려는 걸까?

오늘은 일요일이라 알베르게 바로 옆에 있는 작은 성당에 들어가 기도하려고 했다. 그런데 문이 잠겨 있어서 밖에서 기도를 드렸다. 기도를 마치고 눈을 뜨니 회색 고양이 한마리가 우리 옆에 앉아서 물끄러미 쳐다보고 있길래 좀 놀랐다.

147

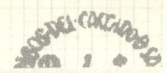

오늘 목표만큼 걸으면 산티아고까지 남은 거리가 두 자리 수로 줄어든다. 열심히 숲 속을 걷는데 안개가 자욱했다. 거기에 길가의 풀 위에는 이슬이 송골송골 맺혀 있고, 군데군데 보이는 거미줄에도 물방울이 매달려 있어서 마치 동화 속의 한 장면 같았다. 비가 많이 와서인지 도랑물이 거세게 흘렀다. 물살이 심한 곳에는 누가 큰 돌로 길을 따로 만들어 두어서 사람들은 기차놀이하듯이 한 줄로 차례차례 걸어갔다. 안개 때문인지 물소리가 더 또렷하게 들렸고 주변은 더욱 신비로워 보였다.

잠시 후에 뒤에서 자전거 순례자 20명 정도가 순식간에 지나갔는데 등을 보니 흙탕물이 튀어 엉망이었다. 내 앞을 지나갈 때 헉헉대는 숨소리가 들렸다.

'이런 길에서 자전거를 타는 것도 쉽지는 않겠구나.'

평소에는 자전거를 타면 씽씽 빨리 갈 수 있었는데 이렇게 길이 나쁘거나 오르막이 나올 때면 오히려 짐이 될 수도 있겠다. 차라리 그냥 걸어가는 것이 마음은 편할 듯했다.

그리고 드디어 '100킬로미터'라고 쓰인 반가운 표석이 나왔다.

"아, 이제 100킬로미터 남았다!"

오늘로 이 길을 걷기 시작한 지 29일째 되는 날이다. 처음에

는 과연 내가 800킬로미터나 되는 거리를 걸을 수 있을까 싶었는데 어느덧 100킬로미터만 남았다. 작은 한 걸음, 한 걸음이 모여서 여기까지 오게 된 것이다. 다른 사람들도 무척 기뻤는지 표석 위에 돌멩이들과 신발을 올려 두었다. 게다가 온갖 색깔로 쓴 낙서가 가득했는데 얼마나 기뻐서 그랬는지는 몰라도 내가 보기에는 좀 지저분해서 별로였다.

근처 바에서 간식으로 토스트를 먹고 나오니 큰 개와 고양이가 같이 놀고 있었다. 개가 크기는 해도 성격은 순해 보였다.

"성민아, 개는 이렇게 만지는 거야."

아빠처럼 낯선 사람이 쓰다듬어도 개는 얌전히 있었다. 나도 개를 만져 보고 싶었지만 살짝 겁이 나서 어떡할까 망설였다.

'저 개가 날 물면 어떡하지? 난 개가 무서운데. 어휴.'

내가 망설이는 모습을 보고는 클리머가 다가와서 내 손을 잡아 개 머리에 살짝 올리고 개를 쓰다듬었다. 성격이 순한 건지 무심한 건지 몰라도 녀석은 나를 쳐다보지도 않았다. 그냥 낯선 이에게 관심이 없는 듯했다.

149

'어, 이것 봐라. 괜찮네.'

나는 좀 더 용기를 내서 나 혼자 녀석의 머리부터 몸까지 쓰다듬어 보았다. 역시나 개는 딴청만 피웠다. 자신감이 생겨 아빠를 보면서 씩 웃었지만, 그 순간에 녀석이 고개를 돌려 나를 쳐다보길래 깜짝 놀라서 손을 뗐다. 아직 개가 무섭긴 무서웠다.

잠깐 친해졌던 개와 작별하고 이번엔 우리 맞은편에서 걸어오는 소와 양들을 만났다. 양치기 개 두 마리도 있었다. 이렇게 세 동물들이 함께 무리지어 걸어오는데 군데군데 끼어 있는 어

린 양들이 너무 예뻤다.

'우아, 만져 보고 싶어. 근데 엄마 양도 있고 개가 있어서 좀 그렇네.'

나중에 어른이 되면 더 이상 개가 무섭지 않겠지? 아쉽기는 했지만 어린 양들은 나중에 만져 봐야겠다.

낮 12시가 다 돼서야 날씨가 좋아졌다. 안개가 걷히자 푸른 하늘이 드러났고, 길가의 풀과 나무들도 파랗게 제 색깔을 뽐냈다. 시원하게 넓고 푸른 강이 나오더니 다리 건너편에 하얀 건물들이 옹기종기 모여 있는 포르토마린이라는 마을이 나왔다. 댐을 만들면서 물에 잠긴 마을을 물 위로 옮긴 곳이라고 했다.

우리는 다리를 건너 높은 계단을 올라 마을로 들어갔다. 잔디 위에 자리를 깔고 아침에 까차 아줌마가 만들어 온 샌드위치와 음료수로 점심을 먹었다. 어제도 그랬지만 클리머는 굳이 햇빛 잘 드는 자리를 골라서 앉았다. 아빠는 늘 그늘을 찾았는데. 이런 게 유럽 쪽 사람과 한국 사람의 차이인 것 같았다.

카페에서 시원한 주스 한 잔 마시고 다시 출발하려는데 어제 같은 방을 쓴 스페인 아저씨가 책을 보고 있었다. 어제 내가

"How old are you?"라고, 몇 살이냐고 몇 번이나 물어봤는데 끝까지 안 알려 주던 아저씨였다.

" 올라!"

인사를 하고 걸어가면서 아빠의 스틱을 가지고 장난치다가 그만 걸려서 아스팔트 위로 넘어졌다. 별로 안 다친 줄 알았는데 나중에 보니 무릎이 까지고 피가 났다. 약을 바르고 밴드를 붙였는데도 쓰리고 아팠다. 아까 아빠가 그만하라고 할 때 아빠 말씀 들을걸.

날은 점점 더워졌고 아까 다친 무릎은 따끔따끔했다. 천천히 걷다 보니 저 앞에서 걷고 있는 클리머와 거리가 많이 벌어졌다. 소리 쳐도 안 들릴 정도였다. 보통은 중간에서 쉬거나 바에 들어가 있기도 하니 오늘도 분명히 중간에 우리를 기다렸을 것이다. 하지만 오늘은 우리가 안 보여서 기다리다 지쳐 먼저 출발했는지 도통 만날 수가 없었다. 원래 가야 할 길은 한 시간 넘게 남았는데 도중에 떡 하니 알베르게가 나와 버렸고 내 마음은 갈대처럼 흔들렸다.

"아빠, 오늘 여기서 자면 안 돼요?"

"왜? 다리 아파?"

"네. 더워서 힘도 들고요."

"클리머가 우리를 기다리고 있을지도 모르는데?"

"그래도 오늘은 그만 걸었으면 좋겠어요."

"그래, 그러면 어쩔 수 없지."

클리머가 어디선가 우리를 하염없이 기다리는 것은 아닌지 걱정은 됐지만 오늘은 그만 걷고 싶었다. 까차 아줌마한테, 클리머한테 우리 얘기를 전해 달라고 부탁하려는데 아줌마도 발이 아프다며 우리랑 같이 있겠다고 했다. 영어를 한 마디도 못하

는 아줌마와 함께 있으니 내가 아는 1부터 50까지 숫자를 가리키는 스페인어와 보디랭귀지로만 이야기해야 하는 상황이 되었다. 아이고, 어려워라.

알베르게 옆에 있는 식당에서 밥을 먹으면서 클리머한테 연락할 방법을 궁리했다. 답은 아빠에게 있었다.

"아, 맞다! 아빠가 예전에 클리머한테 이메일 주소를 받아 뒀는데 깜빡하고 있었네."

"식당에서 와이파이도 되니까 클리머한테 메일 써 주세요."

클리머가 곧바로 메일을 확인하면 다행이었지만 언제 확인할지는 아무도 몰랐다. 그래서 일단 사흘 후 오후 5시쯤 산티아고 성당 앞에서 만나자고 보냈다. 이렇게 메일을 보내고 알베르게로 돌아오니 귀에 익은 목소리가 들렸다. 아까 책을 읽고 있던 스페인 아저씨가 먼저 와 있었던 것이다.

"How old are you? 아저씨 몇 살이에요?"

나도 같은 질문을 다시 건넸지만 자꾸 다른 이야기만 하고 끝까지 나이는 알려 주지 않았다.

'흥, 이제 나도 별로 안 궁금해.'

한낮의 햇살은 따가웠지만 해가 질 무렵부터 차가운 바람이 불더니 날씨가 꽤 쌀쌀해졌다.

"아오, 추워!"

아빠와 나는 20미터도 채 떨어져 있지 않은 알베르게와 식당 사이를 뛰어 다녔는데 식당 앞에서는 어느 나라에서 왔는지 모를 누나와 형들이 기타를 치며 노래를 불렀다. 그런데 코를 뚫고 반바지를 입고 있었다. 이 추운 날씨에 반바지라니!

'저 사람들은 춥지도 않나 봐. 그런데 코는 왜 뚫었지?'

귀를 뚫은 사람은 많이 봤어도 코를 뚫은 사람은 거의 본 적이 없었다. 생각만 해도 아플 것 같은데 저 사람들은 어떻게 코를 뚫을 결심을 했는지 모르겠다.

오늘 머문 알베르게에도 침실을 빼면 앉아 있을 만한 작은 공간 밖에 없어서 그냥 침대에 누워 이리 뒹굴 저리 뒹굴 했다. 간만에 여유를 누리면서 아빠랑 나란히 누워 지금까지 걸어오면서 만난 사람들에 대해 이야기했다.

중간에 배탈이 나서 돌아갔다는 스위스의 이브도, 나한테 〈슈렉〉을 보여 준 밥의 소식도 궁금했다. 나하고 빨리 걷기 경주를 했던 중국의 단단 누나도 어떻게 지내는지 알고 싶었다.

155

여행을 떠난 지 벌써 한 달이 훌쩍 넘었다. 떠나기 전에는 엄마랑 동생 지인이가 많이 보고 싶을 것 같았는데, 이곳에서 걷고 새로운 사람들을 만나다 보니 엄마 생각은 별로 안 났다.

며칠 전에 전화 통화할 때 엄마는 이렇게 말씀하셨다.

"엄마는 성민이가 엄마 보고 싶어서 울지도 모른다고 생각했는데 밝고 씩씩하게 전화 받네? 믿음직스러우면서도 한편으로는 조금 서운해."

이런 저런 생각을 하다가 살풋 잠이 들었다. 그렇지만 알베르게가 도로 바로 옆에 있어서 가끔 지나다니는 차 소리와 헤드라이트 불빛에 자다가 깨고 또 잠들었다가 깨곤 했다. 푹 자야 하는데……

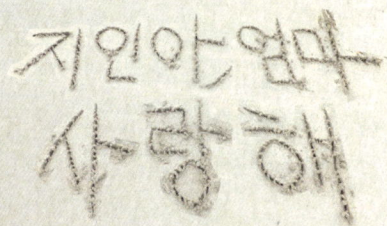

아빠, 사랑해요

(32일째)

오늘은 길고 길었던 800킬로미터의 대장정을 마감하는 날, 드디어 산티아고에 도착하는 날이다. 가능하면 12시 예배(미사)에 참석하기 위해 일찍 일어났다. 이미 새벽 4~5시에 출발한 사람들도 있다고 했다.

마냥 기쁠 것 같은 날이지만 막상 산티아고에 도착하면 그 다음엔 무엇을 해야 하나 하고 걱정하는 사람들도 있다고 했다. 아빠는 한 달 동안 한 가지 목표에 매달리다가 그 일이 끝나면 공허함을 느낄 수도 있다고 하셨다.

'근데 공허함이 뭐지?'

나는 그저 산티아고에 도착한다는 사실에 기쁘고 설레기만
했다.

어제 다시 만난 클리머와 함께 아직 해도 뜨지 않은 길을 나
섰다. 큰 나무들이 우뚝 솟은 숲을 통과해야 하니 조금 으스스
했다. 숲을 빠져나올 즈음에 등 뒤에서 햇살이 서서히 나무들
사이로 길게 스며들어 왔다. 깜깜한 숲은 왠지 무서웠는데 햇살
이 들어오니 그만큼 마음이 편안해졌다. 늘 보던 아침 햇살이지
만 오늘 떠오르는 태양은 어제까지의 태양과 또 다른 느낌이었
다. 왠지 우리의 길을 축복하는 것처럼 아름답게 떠올랐다.

아침을 안 먹고 출발해서 중간에 바에 들러 끼니를 때웠다.
산티아고 가는 길에 들르는 마지막 바가 될 것이다. 서서히 떠
오르던 태양은 꽤 높은 곳까지 떠올라 슬슬 뜨거워지기 시작했
다. 산티아고 가는 길의 마지막 마을인 몬테 도 고조에 이르니
대장정의 끝이 정말 가까이 와 있는 것 같았다.

'이제 산티아고가 얼마 안 남았구나. 산티아고는 어떤 모습일
까? 산티아고 성당은 어떻게 생겼을까?'

나는 들뜬 기분으로 한 발 한 발 나아갔다. 얼마 후 옹기종기

모여 있는 집들이 시야에 들어오고 점점 더 많은 집들이 보였다. 저기가 바로 산티아고인 것 같았다. 노란 화살표는 계속 걸어가라고 알려주었고, 드디어 'SANTIAGO'라고 적힌 이정표가 나왔다.

'아, 드디어 산티아고다!'

하지만 야고보가 잠들어 있다는 산티아고 성당까지는 아직 더 가야 했다.

클리머는 12시에 열리는 미사에 참석하고 싶어 했다. 아빠도 가능하면 클리머와 함께 도착하는 게 좋겠다고 해서 우리는 바쁘게 걸었다. 남은 시간과 거리를 보니 빠른 걸음으로 걸어야 겨우 시간에 맞출 수 있을 것 같았다. 클리머는 자기 혼자 가면 더 빨리 갈 수 있는데 우리랑 발을 맞추려고 하니 마음만 급해졌고 나는 엄청 빨리 걷는데도 어른 둘을 따라 가기 벅찼다.

"아빠, 너무 빨라서 힘들어요."

"힘들지? 그래도 클리머가 12시까지 도착하고 싶어 하니까 조금만 참아 보자."

나도 클리머와 같이 도착하고 싶어서 힘들어도 꾹 참았다.

그렇지만 산티아고에 도착하면 금방 찾아갈 줄 알았던 산티아고 성당은 쉽게 보이지 않았다. 도로에는 차들이 많았고 길거리는 오가는 사람들로 북적였다. 계속 화살표를 따라 걷다 보니 산티아고 성당 같은 어떤 건물 꼭대기가 눈에 들어왔다.

"성민아, 저기가 산티아고 성당 같다. 이제 정말 얼마 안 남았어. 조금만 더 힘내자."

아직 도착하지는 못했지만 눈에 뭔가가 보이니 마음이 놓이고 마음이 설레기 시작했다.

골목으로 들어가자 살짝 모습을 보여 주던 성당은 다시 모습을 감추었다. 조금 실망스러워지던 찰나, 골목을 누비다 보니 마침내 성당의 옆 부분이 나왔다.

'아, 드디어 도착이다!'

들뜬 마음으로 성당을 끼고 걸어가자 탁 트인 광장과 성당이 한눈에 담겼다. 그때였다.

"뎅뎅뎅……."

12시를 알리는 종소리가 우리 귓가에 울려 퍼졌다. 성당이 우리를 무척이나 반갑게 맞이해 주는 것 같았다.

"성민아!"

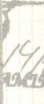

san saturniño
VENTOXA-La Rioja

그때 소라 누나와 써니 누나가 달려와 안아 주었다.

"누나들, 오랜만이에요. 언제 도착했어요?"

"우리는 어제 왔어. 오늘이면 너랑 아저씨가 도착할 것 같아서 여기서 기다리고 있었어. 근데 성민아, 너 정말 대단하다. 여기까지 쭉 걸어온 거야?"

"네, 쭉 걸어왔어요."

"정말 멋져! 수고했어."

누나들에게 칭찬을 들으니 내가 정말 대단한 일을 해낸 것 같았다.

12시에 미사를 드리기 위해 클리머가 성당 안으로 들어갔고, 우리도 뒤따라 들어갔다. 성당에는 일반 예배자들과 순례자들이 함께 모여 있었다. 앉을 자리가 없어 서 있다가 바닥에 앉았는데 여러 나라 말로 진행된다는 미사는 알아들을 수가 없었고 끝날 기미도 보이지 않았다. 슬슬 따분해질 때쯤 아빠가 슬며시 내 손목을 잡아끄셨다.

"성민아, 우리 나가서 기도부터 하자."

아빠와 함께 산티아고 성당 앞에 있는 광장 가운데로 향했다. 사람이 많이 다니지 않는 곳이었다. 그리고 우리는 서로 마주보

고 무릎을 꿇었다. 머리를 숙이고 아빠가 기도를 시작했다.

"하나님, 감사합니다."

지금껏 아무렇지도 않던 아빠의 목소리에 눈물이 섞였다. 아빠는 울고 있었다. 아빠의 기도는 울음이 섞인 채 계속되었고, 나도 같이 울었다. 나는 울면서 그 기도를 들었다.

기도가 끝나자 아빠는 나를 끌어안고 계속 눈물을 흘렸다.

"성민아, 고맙다. 이렇게 잘 와 줘서."

나도 계속 울면서 아무 말 하지 않았다. 우리는 그렇게 한참을 서로 끌어안았다.

163

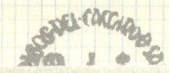

"고맙다……. 고맙다. 수고했어. 사랑해."

"나도 사랑해요."

아빠와 내 눈가엔 한동안 눈물이 고여 있었다.

"아빠, 근데 아까 왜 우셨어요?"

"성민이가 이렇게 잘 걸어 줘서 고맙고, 우리가 잘 도착한 게 감사해서 눈물이 났어."

우리는 나란히 앉아 산티아고 성당을 한참이나 바라봤다.

부르고스와 레온에서 보던 깔끔하고 세련된 성당은 아니었다. 이끼가 잔뜩 껴 있고 낡아 보였지만, 어쩐지 친근하게 느껴졌고 우리한테 오느라 수고했다고 말 거는 것 같았다.

내 등산화 바닥에는 커다란 구멍이 나 있었다. 그동안 얼마나 많이 걸었으면 튼튼한 등산화 바닥이 다 헤졌을까? 세찬 바람에 휘청거리고, 때 아닌 눈을 맞으며, 쏟아지는 비에 젖고, 따가운 햇살을 온몸으로 받으며 걸었다. 산길, 숲길, 눈길, 진흙 길, 자갈길, 아스팔트 길, 도시 골

목길 할 것 없이 온갖 길을 지나왔다. 어쨌든 우리는 해냈다. 아빠랑 내가 그 먼 길을 헤쳐 온 것이다.

"성민아, 처음에 이 먼 길을 걸을 수 있을까 걱정 많이 했지?"

"네."

"사실 아빠도 그랬어. 그래도 우린 도전했고, 매일 매일 조금씩 걸어서 여기까지 왔잖아. 한 걸음 한 걸음이 모여 1킬로미터가 되고, 10킬로미터가 됐어. 1분이 모여서 하루가 끝나고, 그런 하루 하루가 모여 일주일이 되고, 일주일들이 모여 32일이 되고, 마침내 우리가 해낸 거야. 끝이 보이지 않는 먼 길이라고 처음부터 포기했으면 여기까지 못 왔겠지? 우리가 함께 목표를 세우고 서로 응원하면서 걸어서 할 수 있었던 거야. 우리 성민이, 장하다."

"아빠도 멋져요."

산티아고 성당 앞에 앉아 있으면서도 내가 진짜 800킬로미터를 걸었다는 게 믿기지 않았다. 하지만 마주하고 있는 성당이며 속속들이 도착하는 사람들이 기뻐하고 서로 격려해 주는 모습을 보면서 정말 내가 해냈다는 것이 실감 났다.

내가 지금까지 세운 목표 중에 이번처럼 큰 목표가 없었는데 끝내 이루고야 말았다. 가슴이 벅차올랐고 자신감이 생기면서

166

나 자신이 자랑스러웠다.

잠시 후, 미사가 끝났는지 성당에서 클리머가 나왔다. 어제 도착한 실비아와 크리스티앙도 광장으로 와서 무사히 완주해 냈다고 서로 축하했다. 숙소를 정하고 짐을 맡기니 마음도 홀가분해졌다. 가볍게 산티아고 시내를 돌아다니며 오랜만에 여유로운 시간을 보냈다.

그런데 다음날 아침, 내 친구 클리머가 프랑스로 돌아가는 바람에 작별 인사를 건네야 했다. 내가 산티아고에 도착할 때까지 좋은 친구로 곁에서 힘이 되어 주던 클리머와 헤어진다고 생각하니 너무 서운했다.

'다시 만날 수 있을까? 설마 평생 못 보는 걸까?'

클리머랑 서로 끌어안고 있다가 나도 모르게 울컥했다. 클리머의 얼굴도 조금 발그레해졌고, 우리를 지켜보던 아빠와 실비아의 눈시울도 붉어졌다. 나는 아직 아홉 살이고 클리머는 서른 살이다. 우리는 스무 살이나 차이가 나지만 20일을 같이 걸으면서 정을 나눈 친구였다. 친구가 되는 데 국경이나 나이는 아무것도 아니었다. 정말로.

클리머도 무거운 발걸음으로 터덜터덜 길을 떠났다. 멀어져

가는 클리머가 혹시라도 뒤돌아볼까 싶어서 안 보이게 될 때까지 나는 빤히 쳐다봤다. 아니나 다를까 클리머는 자꾸만 뒤를 돌아봤다. 그때마다 손을 흔들어 주었다.

그렇게 클리머와 헤어졌다. 우리가 언제 다시 볼지 알 수 없지만 언젠가 꼭 다시 만날 수 있을 것이다. 클리머가 한국에 올 수도 있고, 나도 크면 한국 밖으로 나갈 기회가 많아질 테니까.

그리고 아직 나랑 아빠가 걸어갈 길은 끝나지 않았다. 이제 스페인의 서쪽 끝인 피니스테라로 가야 한다. 우리는 클리머와 헤어진 아쉬움을 뒤로 한 채, 다시 배낭을 메고 길을 나섰다.

스페인의 땅끝에서

(33~36일째)

산티아고에서 서쪽으로 90킬로미터 정도 떨어진 곳에 스페인의 서쪽 땅끝인 피니스테라가 있다. 처음 이 길을 걷기 전까지만 해도 아빠는 산티아고에서 버스를 타고 갈 생각이셨다. 그런데 이 길을 같이 걷던 사람들이 말하기를, 산티아고에서 피니스테라까지 걸어간다는 사람들도 많다고 했다. 그 얘기를 들으니 나도 그렇게 하고 싶어졌다.

"아빠, 사람들이 산티아고까지 간 다음에 또 더 걸어간다는 거죠?"

"응, 그런가 봐."

169

"그럼 우리도 버스 타지 말고 걸어서 가요."

이렇게 해서, 원래 계획대로라면 34일 동안 걸어서 산티아고
까지 올 계획이었지만 일정을 조금 앞당겨 32일 만에 도착하고
나머지 이틀은 피니스테라에 가는 데 시간을 보태기로 했다.

그렇지만 막상 아침이 되어 떠날 준비를 하니 걷고 싶은 생각
이 싹 사라졌다. 클리머도 집으로 돌아가 버렸고 같이 출발하는
사람도 없었다. 힘들게 산티아고까지 왔는데 또 더 걸어가야 할
필요가 있을까 하는 생각도 들었다. 하지만 내가 먼저 걸어가겠
다고 했으니 이제와서 무르기에는 자존심이 허락하지 않았다.
사흘이나 더 걸어야 한다는 생각에 한숨부터 흘러 나왔다.

여전히 날씨가 좋아서 너무 싫었다. 왜냐하면 날씨가 좋으면
엄청나게 덥기 때문이다. 그래도 아침 햇살은 아직 견딜 만했다.
세 시간쯤 걸어 바에 도착해서 점심을 먹고, 아빠 스마트폰으로
일기예보를 봤다. 그런데 오늘 저녁부터 3일 동안이나 우산이
그려져 있었다. 이 말은 앞으로 계속 비를 맞으면서 걸어야 된
다는 뜻이다.

'해도 싫지만 비도 싫은데.'

일기예보를 보시고 아빠도 고민에 빠지셨다.

"성민아, 사흘 동안 비가 온다는데 어떻게 하지?"

"아빠, 우리 비옷도 없잖아요."

그동안 우리와 함께 먼 길을 오느라 너덜너덜해진 비옷은 배낭 무게를 줄이려고 며칠 전에 버려 버렸다.

"그러게. 비옷도 없고, 땅끝 마을에 가서 해넘이를 보려고 했는데 비가 오면 이것도 못 보잖아."

"맞아요. 그냥 우리도 버스 타고 가면 안 돼요?"

아빠는 한참을 고민하셨다.

"그래, 성민아. 네 말이 맞아. 버스 타고 가자. 지금껏 고생했는데 사흘이나 더 비를 맞으며 걷는 건 무리야."

"네, 그렇게 해요!"

산티아고에서 피니스테라로 가는 버스는 하루에 몇 대 밖에 없었다. 그런데 우리가 걷는 길이 버스가 다니는 길이 아닌 듯했고, 아무데서나 버스를 세워 주지도 않는 것 같아서 다시 산티아고로 돌아가기로 했다. 중간에 바에 들러서 택시를 불러 달라고 했는데 택시가 아닌 자가용이 왔다.

택시든 자가용이든 그런 건 중요하지 않고 산티아고로만 가면 된다. 차를 타고 출발하는데 느낌이 이상했다.

171

'왜 이렇게 어색하지?'

생각해 보니 내가 차를 탄 게 무려 33일 만이었다! 차를 타는 게 이런 느낌이었구나. 땀을 삐질삐질 흘리면서 세 시간 동안 걸어간 길이었는데 차를 타고 가니 20분이 채 못 돼서 아까 출발한 산티아고로 되돌아왔다. 원래 피니스테라에 갔다가 다시 돌아와서 순례완주증명서를 받을 계획이었는데, 이제 그만 걷기로 결정했으니 산티아고 성당 옆에 있는 순례자 사무실에서 증명서를 받기로 했다.

조금 너덜너덜해진 순례자 여권에 마지막 스탬프가 찍히고, 내 이름이 적힌 순례완주증명서를 받았다. 이걸 받기 위해 순례 길을 걸어온 것은 아니었지만 내가 무사히 잘 걸었다고 상장을 받는 것 같아 기분이 좋았다.

'이제 이 여권이 내 보물 1호야.'

산티아고 버스 터미널에서 버스 시간표를 보니 피니스테라로 가는 버스는 너무 오래 기다려야 해서 조그맣고 예쁜 어촌 마을, 무시아로 가는 버스를 탔다. 달리는 버스 차창 밖으로 가끔씩 차도 옆으로 지나가는 배낭 맨 사람들이 보였다.

'나도 방금 전까지는 저기 있었는데.'

차 안에서 보는 이들의 모습이 무척 힘들어 보였다. 우리는 버스로 세 시간이나 달려 무 시아에 도착했다. 그동안 계속 산과 숲, 들판

만 바라보다가 바다를 보니 색다른 느낌이었다. 날이 흐리고 바람은 거셌지만 다행히 일기예보와 달리 비는 오지 않았다. 무시아에서 하루를 보내고 다음날 아침, 또다시 버스를 타고 피니스테라로 왔다. 버스를 기다리면서 비가 한 차례 쏟아지더니 하루

종일 비가 오다 그치기를 반복했다. 숙소를 정하고 나서 40분쯤 걸어 등대가 있는 스페인의 서쪽 땅끝으로 걸었다. '0.00킬로미터'라고 적힌 표석이 눈에 들어왔다. 더 이상 걸을 곳이 없다. 정말 스페인 서쪽 끝으로 온 것이다.

바위에 앉아 바다를 보고 있을 때, 아빠가 이야기를 꺼냈다.

"성민아, 여기가 스페인의 땅끝이야. 그리고 이 바다는 대서양이고. 느낌이 어때?"

아빠의 말씀을 듣고 보니 왠지 달라 보이는 것도 같았다.

여기까지 걸어온 사람들은 기념으로 자기 신발이나 물건을 태우기도 한다던데, 그래서인지 군데군데 그을음 자국이 있고 타다 만 신발이 보였다.

"아빠, 내 신발도 태워요. 구멍 났잖아요."

"안 돼. 태우면 냄새도 나고 위험해서 요즘엔 못하게 한대. 저기 봐. 'NO FIRE'라고 쓰여 있잖아."

나도 다른 사람들처럼 뭘 태워 보고 싶었는데 못 해서 아쉬웠다.

버스에서 어떤 한국인 아저씨를 만났는데 공교롭게도 숙소에서 같은 방을 쓰게 됐다. 오늘 저녁에는 거하게 스테이크를 먹기로 했다. 아빠가 그토록 먹고 싶어 하던 스테이크였다. 슈퍼에서 소고기를 사서 특별한 양념 없이 기름과 소금만 넣어 구웠는데도 무지막지하게 맛있었다.

그런데 그동안 너무 무리했던 걸까? 밥을 먹는데 갑자기 몸이 으슬으슬 추워지며 머리가 아팠다.

"성민아, 왜 안 먹어? 맛있잖아."

"아빠, 추워요. 머리도 아프고."

아빠가 내 이마에 손을 대시더니 약간 열이 있다며 방에 가서 누워 있으라고 하셨다. 잠시 후에 아빠가 목 아플 때 먹는 약과 해열제를 주셨다.

"성민아, 원래 어떤 목표가 있어서 잔뜩 긴장하다가 그 목표를 이루고 나면 긴장이 풀려서 아플 수도 있어. 아빠도 어제 무릎이 조금 아프더라. 써니 누나도 발목 아프다고 했잖아. 약 먹었으니 괜찮을 거야. 오늘은 일찍 자렴."

침낭에 들어가 누웠는데 햇빛이 잘 안 들어오는 방이라 좀 추웠다. 아빠는 방에 있는 담요를 침낭 위에 덮어 주셨다.

'머리도 아프고 춥다. 내일은 괜찮겠지?'

언제 잠이 들었을까? 목 주위가 가려워서 긁다가 잠이 깼는데, 눈을 떠 보니 이미 아침이었다.

"성민아, 이제 좀 괜찮아?"

아빠가 내 이마에 손을 대시더니 열이 내렸다며 괜찮을 거라고 하셨다.

"근데 너 얼굴하고 목이 왜 그래? 벌레 물린 것 같은데."

아빠가 담요를 걷어 내니 쌀보다 조금 더 큰 까만 벌레가 내

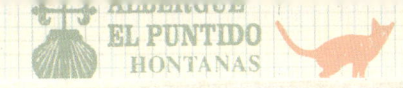

옆에 있었다.

"이게 뭐지?"

아빠가 그 이상한 벌레를 손가락으로 꾸욱 누르니 빨간 피가 나오면서 터졌다. 으악, 설마 이게 다 내 피인가?

"성민아, 너 빈대한테 물렸나 보다. 안 가려워?"

"조금 가려워요."

"빈대한테 물리면 엄청 가렵다는데 어쩌니? 안 그래도 몸도 아픈데."

아빠는 물린 부위에 연고를 발라 주고 먹는 약도 갖다 주시며 속상해하셨다. 예전에 빈대 물린 형을 본 적이 있었다. 물린 자국이 많아 징그러웠고 엄청 가려워서 괴로워하던 모습이 떠올랐다. 아, 그래도 피가 날 때까지 긁을 만큼 가렵지는 않겠지?

몸이 괜찮아지면 스페인 옆에 있는 포르투갈에도 다녀올 생각이었는데 몸이 아직 완전히 낫지 않아서 오늘 이곳에서 하루 더 있기로 했다. 그렇지만 이 숙소에는 빈대가 더 있을지 몰라 다른 곳으로 옮겨야 했다. 햇볕이 잘 드는 곳으로 숙소를 옮기고 침대에 잠깐 누워 눈을 붙였다.

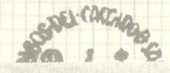

"성민아, 잘 잤니?"

"아빠, 난 안 자고 잠깐 누워만 있었어요."

"아니야. 벌써 다섯 시간이나 잤는걸? 그 사이에 두 번이나 비 왔다가 해 떴다가 그랬어. 그동안 걷느라 피곤했나 보다."

그래도 자고 났더니 몸이 좀 나아져서 바닷가로 갔다. 원래 아빠랑 물속에 들어가려고 했는데 아프니까 할 수가 없었다.

"아빠만 물에 들어가면 안 돼요?"

"할 거면 같이 해야지. 아빠 혼자서만 할 생각은 없어."

그래서 우리는 조용히 바닷가를 걸었다.

돌아오는 길에 산티아고에서 우리보다 하루 먼저 출발한 써니 누나를 만났다. 저녁으로 찜닭을 해 줬는데 아직 입맛이 안 돌아왔는지 많이 못 먹고 일찍 숙소로 돌아와 쉬었다.

하루를 더 자고 일어났더니 그제야 몸이 정상으로 돌아온 듯했다. 아빠랑 산티아고 순례길을 무사히 마쳤고, 몸이 조금 나빠졌지만 금방 컨디션이 좋아져서 다행이었다.

빈대한테 물려서 엄청 가려울까 봐 걱정했는데 모기한테 물린 것보다 덜 가려웠다. 사람마다 증상이 다른 걸까? 아니면 새끼 빈대한테 물렸던 걸까? 그것도 아니라면 먹고 바른 약이 잘 들어서 그런 걸까? 그건 아직도 미스터리다.

이번 여행의 마지막 여행지인 스페인의 바르셀로나로 가기 위해 다시 산티아고로 돌아왔다. 되돌아온 산티아고는 제법 쌀쌀했다. 거기서 우리보다 더 천천히 걸어왔거나 아파서 중간에 쉬었다가 온 사람들을 만나 껴안으며 따스함을 나누었다. 며칠 못 봤을 뿐인데 다시 만나니 엄청 반가웠다. 나도 모르게 폴짝 뛰어가서 안기곤 했다. 물론 사람들은 나보다 더 환하게 웃으면서 날 안아 주었다. 그리고 다시 아빠와 산티아고 성당 앞 광장

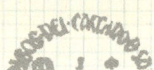

에 앉아 성당을 배경 삼아 오고 가는 사람들을 바라보았다.

　'아, 여유롭다. 안 걷고 이렇게 앉아서 구경하니까 진짜 좋아!'

　힘든 여정을 마친 나는 이제 넉넉한 순례자의 미소를 띤 채 밝고 느긋한 마음으로 눈앞의 모든 것을 바라보았다.

17

고마워요, 아빠

이번 걷기 여행을 결심하기 전에 800킬로미터는
참 길어 보였다. 내가 만약 그 거리에 지레 겁을 먹고
도전하지도 못한 채 포기해 버렸다면 지금의 성취감
은 느끼지 못했을 것이다. 내가 완주한 것이 자랑스럽
고, 내가 이런 기분을 느낄 수 있도록 기회를 만들어
주신 아빠가 정말 고맙다.

가끔 아빠와 의견이 안 맞아서 속상할 때도 있었고
혼난 적도 있었지만, 아빠와 함께하며 만든 추억은 오래
오래 남을 것이다. 특히 산티아고에 도착해서 아빠와 함께 기도

드리며 끌어안고 눈물 흘린 순간은 내 기억 속에 깊이 새겨질 것이다.

그리고 길을 걸으면서 만나 친해진 형들과 누나들도 기억이 난다. 나보다 나이는 많아도 기꺼이 친구가 되어 준 형, 누나들 과도 언젠가 꼭 다시 만났으면 좋겠다. 잊을 수 없는 고마운 친 구들이니까.

내가 좀 더 크면 다시 아빠와 함께 이 길을 걷고 싶다. 아빠는 그땐 나이가 많아서 어떻게 될지 모르겠다고, 친구들과 걷든지 아니면 나중에 내가 결혼해서 아이를 낳으면 그 애랑 같이 걸으 라고 말씀하신다. 그렇지만 나는 아빠가 늘 건강하셔서 우리가 다시 이 길을 함께 걸을 수 있었으면 좋겠다.

나랑 아빠의 산티아고 순례는 이렇게 사랑과 행복과 감사로 끝을 맺었다.

183

아빠, 오늘은 어디서 자요?

아빠 손잡고 떠난 산티아고 여행길

초판 1쇄 발행 2014년 8월 30일
초판 2쇄 발행 2014년 9월 20일

지은이 서성민·서정균 **펴낸이** 한승수 **펴낸곳** 하늘을나는교실
편집 고은정·이다연 **마케팅** 심지훈 **디자인** 선은실

등록번호 제395-2009-000086호
주소 서울특별시 마포구 연남동 565-15 지남빌딩 309호
전화 02-338-0084
팩스 02-338-0087
블로그 moonchusa.blog.me
E-mail moonchusa@naver.com
ISBN 978-89-94757-13-1 (13980)

17-4-2013

CAMINO DE SANTIAGO
CACABELOS-LEON

13/4/2012

Café - Bar - Restaurante
EL PEREGRINO
ALBERGUE
HABITACIONES - LITERAS
ESTABLO DE CABALLOS
Camino de Santiago   Ctra N-VI, Km 419
Tel. 987 54 61 97 • LA PORTELA DE VALCARCE (León)
18-4-2013

ALBERGUE
DO CEBREIRO
8 ABR 2013

PARROQUIA DE SANTIAGO DE TRIACASTELA (LUGO)

CAMINO FRANCES A SANTIAGO
CAFÉ -
GONZ

ALBERGUE DE PEREGRINOS
O Pombal
Barbadelo
2 0 ABR. 2013

O Tear
Turismo Rural

Albergue
"A horta
de Abel"
Camiño de Santiago
TRIACASTELA
19/04/13

La Casa
de los
Dioses

14-4-2013

20-4-2013

22 ABR. 2013

PARROQUIA DE
PALAS DE R

PARROQUIA DE STO
DIOCESIS
PALAS D

ALBERGUE
GONZAR

2 1 ABR 2013

Por los Caminos de Santiago
FENIX
HOSPITAL   REFUGIO
ASOC INTER. DE PEREGRINOS
Tel: 987 54 26 55
DO AFRANCA DEL BIERZO
17-4-2019

CAMINO DE SANTIAGO
MESON COWBOY
EL CARMEN
ALBER

Amigos
del
Camino
de
Santiago
Astorga

14-4-2013

FONCEBADÓN
Telf. 695 452 950
Monte Irago
15/4/2013

EL BURGO RANERO
(León)
Camino de Santiago

10-4-13

DATE ET CACHET DE LA HALTE
FIRMAS Y SELLOS
Camino de Santiago

Ayto. de 26/4/13 las Calzadas · Burgos

ALBERGUE PEREGRINOS JA
TERRADILLOS (Pa

DATE ET CACHET DE LA HALTE
SANTO DOM FIRMAS Y SELLOS

PANADERIA
Las Cuevas
☎ 667 43 04 12
ATAPUERCA
(Burgos)
DEGUSTACIÓN

H Albergue
Restaurante
A → SANTIAGO
BELORADO

Tel. 947 56 21 64 - Fax.947 56 21 6
Móvil 677 81 18 47
www.e-santiago.es   albergue.santiago@hotmail.com

CATEDRAL

2 - 04 - 2013

3/4/13

La Rutla

4
4
13

La muralla de Atapuerca

AMIGOS DEL PEREGRINO
MANSILLA

11 - 4 - 2013

Bar Marbela
San Juan de
Ortega

Alojamiento Rural
"La Henera"
Telf. 606 198 734
www.sanjuandeortega.es

4/4/13

Amigos del
Camino de Santiago
Burgos

SANTA IGLESIA CATEDRAL
BURGOS

5 - 04 - 2013

5 ABR 2013

ALBERGUE
EL PUNTIDO
HONTANAS
947 378 597
Telf. 636 781 387

6 - 6 - 13

ALBERGUE
ESPÍRITU SANTO

979 880 G/2
CARRIÓN DE LOS CONDES
(Palencia)

08 - 04 - 13

BURGOS

5.04.13

"EN EL CAMINO"
ALBERGUE
BOADILLA DEL CAMINO

LEÓN

12 04 2013